秒懂DeepSeek

让AI成为你的贴心助手

寒松 / 著

内 容 提 要

在认知与技术的交汇处，DeepSeek如同一座神奇的桥梁，不仅连接了人类与AI的思维边界，更开启了一场前所未有的认知探险。本书以"认知生态"为核心脉络，构建了一座立体的DeepSeek技术导航塔，引领读者穿越AI迷雾，抵达认知新大陆。

全书分为4部分：第1部分如同一位博物学家，带你学习DeepSeek的技术DNA，揭秘MoE混合专家模型这个"认知珊瑚礁"的生长奥秘，探索MLA多头潜在注意力机制这个"记忆过滤器"的工作原理；第2部分则化身为一位经验丰富的向导，手把手教你掌握"黄金工作流"，在PPT设计、跨语言办公、爆款短视频文案创作等场景中，能够熟练掌控AI的创造力；第3部分犹如一位建筑师，指导你搭建私人知识库这座"认知城堡"，用Ollama部署策略与Windsurf工具链筑专属的智能领地，搭建AI智能体，实现全流程自动化办公；第4部分则像一位天文学家，带你远眺AGI的星辰大海，解读"认知丛林—顿悟生态—代际传承"这三重进化密码。

无论你是AI从业者、技术爱好者，还是对未来充满好奇的探索者，本书都将成为你的认知指南针，引领你在人机共生的新纪元中找到自己的位置。

图书在版编目（CIP）数据

秒懂DeepSeek：让AI成为你的贴心助手 / 寒松著．
北京：中国水利水电出版社，2025.4. -- ISBN 978-7
-5226-3359-6

Ⅰ．TP18
中国国家版本馆CIP数据核字第2025MH0123号

书　　名	秒懂DeepSeek：让AI成为你的贴心助手 MIAODONG DeepSeek：RANG AI CHENGWEI NI DE TIEXIN ZHUSHOU
作　　者	寒松　著
出版发行	中国水利水电出版社 （北京市海淀区玉渊潭南路1号D座 100038） 网址：www.waterpub.com.cn E-mail：zhiboshangshu@163.com 电话：（010）62572966-2205/2266/2201（营销中心）
经　　售	北京科水图书销售有限公司 电话：（010）68545874、63202643 全国各地新华书店和相关出版物销售网点
排　　版	北京智博尚书文化传媒有限公司
印　　刷	北京富博印刷有限公司
规　　格	148mm×210mm　32开本　7.875印张　258千字
版　　次	2025年4月第1版　2025年4月第1次印刷
印　　数	0001—3000册
定　　价	59.80元

凡购买我社图书，如有缺页、倒页、脱页的，本社营销中心负责调换
版权所有·侵权必究

前言 PREFACE

和 AI 一起摸索前行

在技术与人类认知的交汇处，AI 如同一面神奇的镜子，不仅照见了我们最真实的样子，更映射出思维的无限可能。

2024 年冬天，中关村的车库咖啡店里，我正在修改代码，忽然注意到隔壁桌上的一位年轻人正对着笔记本电脑发脾气。凑近一看，原来他在尝试用 AI 写代码，但 AI 似乎总是误解他的意图。这场景让我会心一笑，因为一年前的我也是这个样子——在认知的迷雾中摸索前行。

随着深入思考，我发现问题的本质或许并非 AI 不够聪明，而是它太精准地反映了我们自身的思维模式。当我们的表达模糊不清时，AI 的回应自然含混不清；当我们的思路清晰时，AI 的输出往往精准得令人惊叹。这就像生态系统中的反馈循环，我们的认知输入决定了 AI 的认知输出。

"要不，我帮你看看？"我主动向那位年轻人伸出了援手。他有些意外，但还是点头接受。看了一眼他的提示词，我不禁莞尔："你的问题表述太绕了，换我也会迷糊。我们可以这样试试……"

这让我想起几天前辅导女儿研读生物学论文的经历。她趴在书桌前叹气连连，说写不出来。我建议："用 DeepSeek 试试。"谁知这丫头对着电脑叽里呱啦说了一通，AI 的解读却非常零散，并且错误百出。我打趣道："看吧，连 AI 都被你绕晕了。你先把想法捋顺了才行。"

> **思维实验：**
>
> 想象 AI 是一位来自异星的访客，它只能通过你的语言来理解你的世界。如果你的思路表达不清，那么它会如何构建一个与你意图相去甚远的认知地图？这种误解与人类交流中的障碍有何相似之处？

正是这些日常互动让我领悟到：与 AI 对话，本质上是一种认知生态系统中的共生关系。你自己都理不清的思路，换谁来都只能靠猜。现在我使用 AI，就像是在花园中与一位园丁交流——它帮我整理思维的杂草，我则为它提供认知的养分。如果它给出莫名其妙的回应，多半是我自己没有提供足够清晰的思路。

这也是我在本书中专门用了整整一个章节来解析 DeepSeek 的发展历程和核心技术的原因。第 1 章如同一场技术生态的探险之旅，通过生动的思维导图和交互式解说，将复杂的 AI 架构转化为直观可感的认知体验。从最初的论文研究到实战经验，每一步都是我实打实趟出来的认知路径，为你提供一幅详尽的探险地图。

在写作过程中，我常常与 DeepSeek 对话，但不是让它代替我写作，而是将它视为一位认知伙伴。我提出一个想法，它按照我的意图展开；如果它的输出不通顺或偏离主题，那么，一定是我自己的思路尚未理清。这种来回的交流，反而帮助我理清了要表达的内容。

作为互联网技术领域的资深从业者，我深知 AI 这个强大助手的潜力与挑战。本书不仅仅是探讨理论，更是一本实用指南，是在手把手地教你：

- ▶ 构建有效的提示词，让 AI 准确理解你的意图。
- ▶ 在工作中巧妙运用 AI 提升效率。
- ▶ 针对不同问题类型设计最优的提问策略。
- ▶ 将 AI 转化为你的"认知放大器"。

在接触 DeepSeek-R1 后，我对 AI 有了更深层次的认识。它不仅是一个工具，同时也是一位具备类人思维模式的认知伙伴。它能像人类一样思考、推理，甚至在某些时刻会展现出令人惊叹的"顿悟能力"。最令人兴奋的是，DeepSeek 可以部署在家用电脑上，构建个人专属的"知识库生态系统"。在我的编程工作中，这一功能极大地提升了效率，甚至连代码调试都变得更加流畅。

> ⚠️ **认知急救站：**
>
> 很多技术书籍容易陷入两个极端：要么过于理论化难以实践，要么过于强调流程化失去深度。本书通过"三明治结构"（专业层 ⇌ 交互层 ⇌ 实践层）巧妙地平衡了深度与可用性，确保每个概念都既有理论基础，又有实践指导。

> **认知成就：**
>
> 通过本书，你将解锁多项认知技能，从"提示词工程师"到"AI 协作专家"，每一步都有清晰的学习路径和即时反馈机制。

在通往 AI 的认知探险中，每个人都有自己独特的路径与方法。而我，将毫无保留地分享这些年来的探索经验，希望能为你点亮前行的灯塔。书中的每个案例、每个技巧都经过了反复验证，从基础的对话策略到高级的本地部署，都是实实在在的经验结果。如果能帮你在这片认知新大陆上少走些弯路，本书就达到了它的使命。

在本书的撰写过程中，萧溪老师在写作风格与表达方式上给予了宝贵建议，在此表示感谢。

最后，我要把这本书送给我的女儿。今年正值她的高考之年，希望她能理解这本书所表达的含义：人生路上的每个选择都如同 AI 的决策分支，没有绝对的正确与错误，只有不同的可能性。不必纠结于选择的完美，因为每个选择都会有遗憾，而如何在每一个"当下"发现闪光点，创造属于自己的幸福，才是唯一需要关注的。因为在所有的人生算法中，让自己快乐始终是最优解。

寒松

2025 年 2 月

目 录 CONTENTS

第1部分　DeepSeek基础入门

第1章　认识DeepSeek ········ 002

1.1　DeepSeek的诞生与发展 ········ 002
- 1.1.1　技术物种的起源 ········ 002
- 1.1.2　组织DNA的解剖 ········ 003
- 1.1.3　进化实验室 ········ 004
- 1.1.4　知识补给包 ········ 006

1.2　DeepSeek能做什么 ········ 006
- 1.2.1　认知增强的可能性地图 ········ 006
- 1.2.2　语言魔法师的实验室 ········ 007
- 1.2.3　代码魔术师的工作坊 ········ 007
- 1.2.4　数学推理大师的思维实验室 ········ 008
- 1.2.5　知识宝库的探索中心 ········ 008
- 1.2.6　你的DeepSeek技能挑战 ········ 009
- 1.2.7　行动计划与知识补给 ········ 010

1.3　核心技术特点与优势 ········ 010
- 1.3.1　技术物种的DNA解码 ········ 010

1.3.2　DeepSeekMoE架构与多头潜在注意力机制 …………………… 011
1.3.3　GRPO强化学习——认知进化的自组织学习生态 …………… 013
1.3.4　"顿悟时刻"——认知飞跃的神经突触重组 ………………… 015
1.3.5　技术民主化——认知资源的普惠生态 ………………………… 015
1.3.6　知识补给包 ………………………………………………………… 016

1.4　DeepSeek-V3与DeepSeek-R1版本的特色：AI进化树的双生枝干 ……………………………………………………………………… 016

1.4.1　技术物种的形态分化 …………………………………………… 016
1.4.2　DeepSeek-V3——全能型认知生态系统 ……………………… 017
1.4.3　DeepSeek-R1系列——认知进化的多层级适应者 …………… 017
1.4.4　版本选择指南与知识补给 ……………………………………… 018

1.5　与其他AI模型的对比：认知竞技场中的DeepSeek ……………… 019

1.5.1　AI能力竞赛的观察台 …………………………………………… 019
1.5.2　参赛选手——数字智能的多样性 ……………………………… 019
1.5.3　认知挑战——多维能力的测试场 ……………………………… 020
1.5.4　结果分析——认知进化的平行路径 …………………………… 022
1.5.5　比较洞察与知识补给 …………………………………………… 023

第2章　DeepSeek-V3架构创新 ……………………………… 024

2.1　混合专家模型架构：智能社会的认知生态系统 …………………… 024

2.1.1　专家协作的认知生态系统 ……………………………………… 024
2.1.2　专家协作的认知机制 …………………………………………… 025
2.1.3　资源优化的认知策略 …………………………………………… 026
2.1.4　MoE架构的认知工具包 ………………………………………… 027

2.2　多头潜在注意力：记忆的认知生态艺术 …………………………… 027

2.2.1　信息压缩的认知生态系统 ……………………………………… 027
2.2.2　压缩与重建的认知机制 ………………………………………… 028
2.2.3　位置感知的认知策略 …………………………………………… 029
2.2.4　MLA机制的认知工具包 ………………………………………… 030

2.3　多token预测：思维的预见性认知生态系统　030

2.3.1　预测思维的认知生态系统　030
2.3.2　预测架构的认知机制　032
2.3.3　应用效果的认知体验　033
2.3.4　MTP技术的认知工具包　034

第3章　DeepSeek-R1突破性创新　035

3.1　纯强化学习训练范式：AI的认知丛林探险　035

3.1.1　学习生态系统的自然观察　035
3.1.2　学习范式的进化分支　036
3.1.3　GRPO——认知生态中的群体学习　037
3.1.4　多维奖励生态系统　037
3.1.5　认知发展的动态平衡　038
3.1.6　认知工具与未来探索　038

3.2　"顿悟时刻"认知突破：AI的顿悟生态学　039

3.2.1　认知进化中的量子跃迁　039
3.2.2　顿悟的认知生物学　040
3.2.3　AI认知的非线性进化　041
3.2.4　顿悟背后的认知机制　042
3.2.5　顿悟的技术生态系统　042
3.2.6　认知工具与未来探索　043

3.3　多规模模型蒸馏技术：认知进化的代际传承　044

3.3.1　知识生态系统的能量传递　044
3.3.2　认知蒸馏的三阶段生态循环　045
3.3.3　轻量级认知体的进化奇迹　045
3.3.4　蒸馏与强化学习的生态位比较　047
3.3.5　AI民主化——认知资源的普惠生态　047
3.3.6　认知工具与未来探索　048

3.4　开源社区贡献：数字认知的共生生态系统　049

3.4.1　知识共享的生态哲学　049

3.4.2　失败教训的生态价值 ………………………………… 050
3.4.3　开源的竞争悖论 ……………………………………… 050
3.4.4　认知工具与未来探索 ………………………………… 051

第 2 部分　高效工作实战技巧

第 4 章　开始上手DeepSeek ………………… 054

4.1　注册账号：开启认知探索之旅 ………………………… 054
4.2　界面功能：认知交互的生态网络 ……………………… 057
  4.2.1　具有独立认识系统的对话伙伴 ……………………… 057
  4.2.2　模型选择的认知生态位 ……………………………… 058
  4.2.3　生态系统扩展功能 …………………………………… 059
  4.2.4　多模态信息处理 ……………………………………… 060
4.3　实操关键：认知共生的最优策略 ……………………… 061
  4.3.1　交互效能的生态差异 ………………………………… 061
  4.3.2　问题生态的完整构建 ………………………………… 062
  4.3.3　上下文的认知连续性 ………………………………… 064
  4.3.4　分层递进的认知构建 ………………………………… 064
  4.3.5　反馈调节的适应性循环 ……………………………… 065
  4.3.6　思考与练习 …………………………………………… 065

第 5 章　DeepSeek的使用方式 ……………… 069

5.1　硅基流动和Cherry Studio：完美的黄金搭档 ………… 069
  5.1.1　AI访问的认知生态系统 ……………………………… 069
  5.1.2　初识这对黄金搭档：认知生态的基础设施 ………… 070
  5.1.3　获取你的专属通行证，建立认知连接 ……………… 071
  5.1.4　打造你的智能工作室，构建认知工作环境 ………… 073
  5.1.5　选择你的智能助手，感知专家协助 ………………… 077
  5.1.6　AI访问平台的认知工具包 …………………………… 078

5.2 腾讯元宝：移动端DeepSeek体验感最好的App ·············· 078
   5.2.1 初识腾讯元宝：移动认知生态的旗舰载体 ················ 079
   5.2.2 安装腾讯元宝，建立移动认知连接 ···················· 080
   5.2.3 开启DeepSeek-R1，体验腾讯元宝的优势特性 ············ 081

第6章 学会向DeepSeek提问 ·············· 082

6.1 传统模型的12个提示词模板：认知工具的考古发掘 ········· 082
   6.1.1 提示词的进化谱系 ······························ 082
   6.1.2 提示词模板的认知考古 ·························· 083

6.2 传统提示词遇上DeepSeek-R1出现"水土不服"：认知生态的不适应症 ······································ 089
   6.2.1 提示词范式的生态冲突 ·························· 089
   6.2.2 思维链提示的认知困境 ·························· 090
   6.2.3 结构化困局的创造力抑制 ························ 090
   6.2.4 角色扮演的认知冗余 ···························· 091
   6.2.5 情感表达的认知误区 ···························· 091
   6.2.6 认知工具更新包 ······························ 092

6.3 发挥DeepSeek-R1潜力的七大提示词技巧：认知共生的新范式 ······································· 092
   6.3.1 AI认知进化的生态图谱 ·························· 092
   6.3.2 内生式思维链的认知革命 ························ 093
   6.3.3 AI交涉艺术的七种策略 ·························· 093
   6.3.4 DeepSeek-R1交互技巧的认知工具包 ················ 101

第7章 办公效率提升实战 ·················· 102

7.1 PPT设计与制作：认知视觉化的艺术 ················ 102
   7.1.1 PPT的认知生态系统 ···························· 102
   7.1.2 PPT制作的认知障碍 ···························· 103
   7.1.3 PPT制作的六步法认知工作流 ···················· 111
   7.1.4 人工优化与认知工具包 ·························· 115

7.2 Office/WPS集成AI：认知工具的生态融合 …… 116

- 7.2.1 AI办公的生态系统 …… 116
- 7.2.2 OfficeAI的认知接入路径 …… 117
- 7.2.3 初次对话——认知助手的生态互动 …… 120
- 7.2.4 AI办公的认知工具包 …… 122

7.3 会议记录与总结：认知信息的生态转化 …… 122

- 7.3.1 会议的认知生态系统 …… 122
- 7.3.2 会前通知——让每次相聚都充满期待的认知激发 …… 123
- 7.3.3 会议记录的四步认知转化法 …… 124
- 7.3.4 会议管理的认知工具包 …… 130

7.4 专业场景翻译：认知边界的跨越 …… 130

- 7.4.1 翻译的认知生态系统 …… 130
- 7.4.2 跨语言翻译——追求精准的艺术与认知对应 …… 131
- 7.4.3 跨领域翻译——商务文书的挑战与专业认知转换 …… 132
- 7.4.4 翻译的认知工具包 …… 133

7.5 沉浸式翻译插件集成：认知无缝的语言生态 …… 133

- 7.5.1 什么是沉浸式翻译 …… 133
- 7.5.2 沉浸式翻译的认知生态位 …… 135
- 7.5.3 如何安装插件——认知工具的生态接入 …… 136
- 7.5.4 插件配置DeepSeek——认知工具的能力激活 …… 136
- 7.5.5 使用沉浸式翻译——认知流的个性化调节 …… 137
- 7.5.6 沉浸式翻译的认知工具包 …… 139

第8章 短视频文案创作实战 …… 140

- 8.1 定位：创作的认知生态基石 …… 140
- 8.2 提取爆款短视频文案框架：认知模式的解码 …… 141
- 8.3 从框架到内容：认知生态的实体化 …… 153
- 8.4 个性化调教：认知风格的生态适应 …… 158
- 8.5 让AI视觉呈现：认知感官的生态协同 …… 161
- 8.6 短视频创作的认知工具包 …… 166

第 3 部分 高级应用实战

第 9 章 本地个人知识库搭建 168

9.1 私有化部署的两条路：认知生态的自主选择 168

9.1.1 模型部署的认知生态系统 168
9.1.2 个人部署的认知生态位 169
9.1.3 企业部署的认知生态系统 170
9.1.4 模型部署的认知工具包 170

9.2 解构模型部署的关键要素：认知资源的生态平衡 170

9.2.1 模型参数的认知生态系统 170
9.2.2 资源冗余的认知缓冲 172
9.2.3 部署策略的认知实践 173
9.2.4 模型参数的认知工具包 174

9.3 Ollama+AnythingLLM：搭建你的认知生态系统 174

9.3.1 个人知识库的认知生态系统 174
9.3.2 安装 DeepSeek-R1 模型（认知生态的基础物种） 176
9.3.3 配置 AnythingLLM（认知生态的管理系统） 177
9.3.4 知识的灌溉与认知循环 180
9.3.5 观察生长与认知互动 182
9.3.6 个人知识库的认知工具包 183

第 10 章 AI 编程助手 184

10.1 AI 编程好帮手 Windsurf：认知工具的生态选择 184

10.1.1 AI 编程助手的认知生态系统 184
10.1.2 工具特性的认知适应 186
10.1.3 使用体验与认知价值 186
10.1.4 编程工具的认知工具包 187

10.2 Windsurf 的应用：认知增强的实践之旅 187

10.2.1 Windsurf 的认知生态系统 187

10.2.2 安装与部署,构建认知增强的基础环境 ·············· 188
10.2.3 认知工具的个性化定制 ····························· 189
10.2.4 人机共舞的编曲:实战演示与认知协同 ··············· 192
10.2.5 认知优化的反馈循环 ······························· 194
10.2.6 Windsurf应用的认知工具包 ······················· 197

第11章 使用DeepSeek+COZE搭建智能体 ······ 198

11.1 智能体是什么 ·· 198
11.1.1 智能体的基础功能 ································· 198
11.1.2 智能体的核心组件 ································· 200
11.1.3 智能体的分类 ····································· 201

11.2 智能体能做什么 ·· 202
11.2.1 信息获取与处理 ··································· 202
11.2.2 工作流自动化 ····································· 203
11.2.3 交互与服务 ······································· 204
11.2.4 创意与娱乐 ······································· 205
11.2.5 智能体能力的边界 ································· 206

11.3 COZE的功能与优势 ······································· 206

11.4 实战案例:迪士尼风格古诗词儿童绘本智能体 ············· 208
11.4.1 项目规划与流程设计 ······························· 209
11.4.2 智能体封装与部署 ································· 217
11.4.3 总结与实践建议 ··································· 223

第4部分 通向AGI之路

第12章 走向AGI:在硅基与碳基的边界上 ············ 226

12.1 智能的圣杯:认知进化的终极探索 ······················· 226
12.1.1 AGI的认知生态系统 ······························· 226
12.1.2 AGI的认知模式与生态位 ··························· 227

- 12.1.3 AGI的进化路径与生态影响 …………………………… 228
- 12.1.4 AGI的认知工具包 …………………………………… 229

12.2 走向AGI的三重障碍：认知进化的生态挑战 ………… 229
- 12.2.1 AGI发展的认知生态障碍 …………………………… 229
- 12.2.2 技术瓶颈 ……………………………………………… 230
- 12.2.3 哲学迷局与认知悖论 ………………………………… 231
- 12.2.4 社会重构与认知生态变革 …………………………… 231
- 12.2.5 AGI挑战的认知工具包 ……………………………… 233

12.3 结语：在0与1的土壤上，认知生态的新纪元 ………… 233
- 12.3.1 数字文明的认知生态系统 …………………………… 233
- 12.3.2 认知祛魅与存在之思 ………………………………… 234
- 12.3.3 认知联邦与双向启蒙 ………………………………… 235
- 12.3.4 数字文明的认知工具包 ……………………………… 236

第 1 部分

DeepSeek 基础入门

第 1 章 认识 DeepSeek

1.1 DeepSeek 的诞生与发展

1.1.1 技术物种的起源

每个改变世界的故事,都像一颗种子寻找最适宜的土壤。DeepSeek 的故事,就是这样一粒认知种子的萌发过程。技术进化周期如图 1-1 所示。

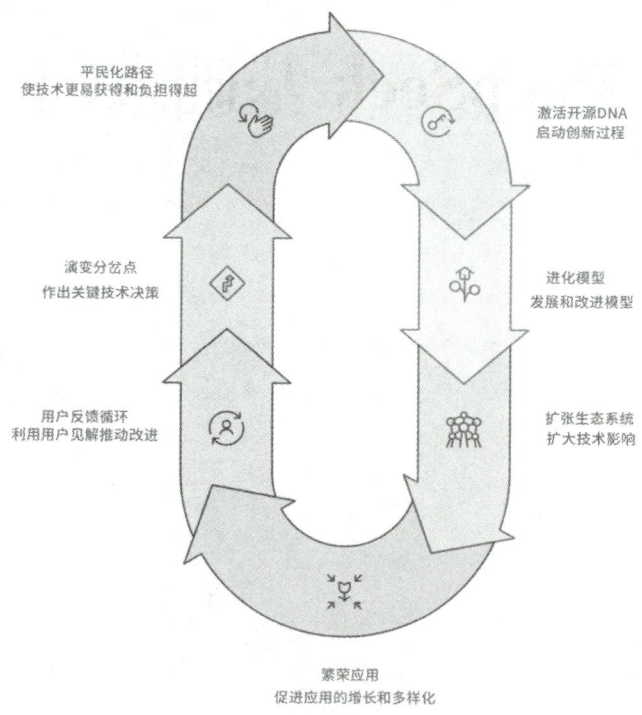

图 1-1 技术进化周期

在杭州这座创新生态系统中,一群数字园丁正在培育一个看似不可能的梦想。2023 年 7 月，当整个技术世界还在为 ChatGPT 这朵突然绽放的奇花而惊叹时，DeepSeek 的创始团队已经在设计下一代认知花园的蓝图。"我们不是要复制另一个 ChatGPT"，某位创始人在接受采访时这样说道，"我们要构建的是一座每个人都能进入的 AI 认知珊瑚礁。"

> **思维实验：**
>
> 想象你是一位数字生态系统的设计师，你会如何平衡模型的"计算营养需求"与"普及可及性"这两个看似矛盾的进化压力？

这个理念表面上简单，实则是一场认知进化的精密设计。在 AI 这片技术丛林中，许多探险者正在追逐更庞大的参数森林、更复杂的算法山脉，而 DeepSeek 的团队却选择了一条生态平衡的进化路径。"就像爱因斯坦的认知简化原则，'把事情变得尽可能简单，但又不能过于简单。'"他笑着解释，"我们在保持高性能的同时，让技术像水一样流向每个需要的角落。"

> **⚠ 认知急救站：**
>
> 大部分读者会陷入一个误区——认为"简单"意味着"能力有限"。实际上，DeepSeek 的简化是一种高级进化策略，就像蜂鸟的翅膀看似简单却能实现复杂的悬停功能。

1.1.2 组织 DNA 的解剖

这种平民化理念如同一段特殊的基因序列，深深地编码在 DeepSeek 团队的文化 DNA 中。在 DeepSeek 团队中，你看不到传统科技公司的金字塔生态，取而代之的是一种学术像草原般的平等与开放。每个 DeepSeek 团队成员都像一个永不满足的认知采集者，在 AI 的无限可能性中寻找新的花蜜。

"我们相信开源的生态网络，"团队成员这样描述他们的文化基因，"因为只有当知识像阳光一样普照，AI 才能真正成为人类认知的共生伙伴。"

DeepSeek 团队为自己设定了一个清晰的进化目标：开发一个开放、高效、平民化的 AI 生态系统。这不仅是一个技术指标，更是一幅 AI 与人类共同进化的生态图景。在他们的认知地图上，AI 不应该是技术孤岛上的珍稀物种，而应该像空气一样，成为每个人认知呼吸系统的自然组成部分。

1.1.3 进化实验室

2023年7月17日，DeepSeek这个技术物种正式诞生，由知名量化资管巨头幻方量化提供了初始的进化环境。2024年1月5日，释放了第一个成熟体——DeepSeek-LLM，这是一个拥有670亿参数神经元的大模型，在2万亿token的数据海洋中培育而成。DeepSeek从创立到创新的过程如图1-2所示，这个模型不仅在中英文处理能力方面展现了出色的适应性，还通过创新的分组查询注意力机制，实现了认知效率的量子跃升。

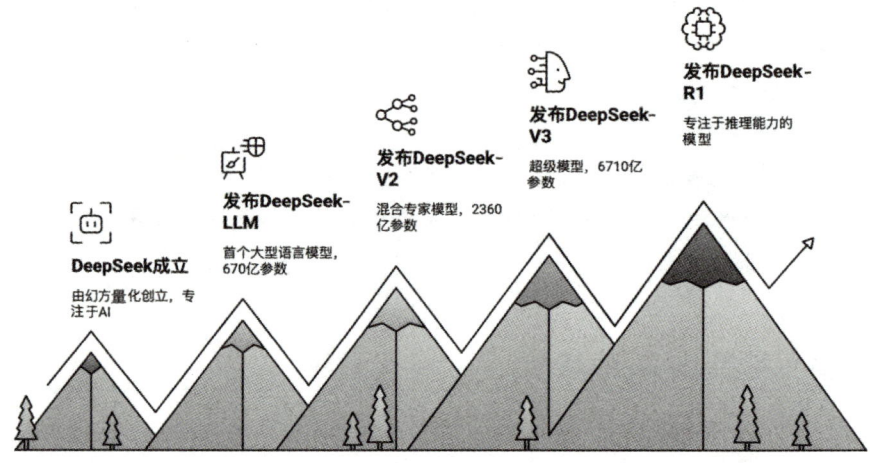

图1-2 DeepSeek从创立到创新的过程

进化检查点：

分组查询注意力机制像自然界中的哪种现象？

A. 蜜蜂的舞蹈语言

B. 鸟群的集体导航

C. 蚁群的信息素传递

2024年5月，一次重大的进化突破发生了——DeepSeek-V2诞生。这不是简单的版本迭代，而是一次认知结构的革命性重组——一个拥有2360亿参数的混合专家模型（Mixture of Experts, MoE）。通过多头潜在注意力（Multi-Head Latent Attention, MLA）机制这一认知突变，它不仅能处理更长的文本信息链（支持128K tokens），还把训练能量消耗降低了42.5%！这就像是大脑进化出了专业分工的皮层区域，需要解决什么问题，就激活相应的专家神经元群。

⚠️ **地雷警示站：**

> 这里是认知难点！我们会在后面的章节中详细讲解。MoE模型不是简单的"更大"，而是"更智能地分配资源"。这种智能分配，如同城市里的灯光并不需要全部亮着，而是只亮着需要的地方。

到了2024年12月26日，他们培育出了最新的技术生命形式——DeepSeek-V3。这是一个拥有6710亿参数的认知生态系统，在14.8万亿token的信息海洋中进化而成。它采用了256个路由专家和1个共享专家的神经架构，每个信息单元可以激活370亿参数，这让模型在面对各种认知挑战时都能像变色龙一样灵活适应环境。

紧随其后，他们又释放了专注于推理能力的DeepSeek-R1。这个模型在编程和数学领域展现了惊人的认知特化能力，在LiveCodeBench编程竞赛中的pass@1成绩达到了65.9%，远超GPT-4的32.9%。不仅如此，它还能自动生成代码补丁，甚至能将解决方案从一种编程语言转译到另一种，展现出了类似人类抽象思维的跨域迁移能力。

可能性云图：

- 30%概率：DeepSeek将成为编程教育的认知脚手架。
- 45%概率：DeepSeek将演化为多模态创意协作伙伴。
- 25%概率：DeepSeek可能成为科学发现的假设生成引擎。

最重要的是，DeepSeek始终保持着开源基因的活跃表达。在一次生态交流中，有位创始人表示："我们不是为了在技术食物链中占据顶端捕食者的位置，而是希望AI成为整个认知生态系统的催化剂。要让它成为每个人的共生伙伴，协助我们解决实际问题。"

现在，这群数字生态学家仍在继续他们的探索旅程：研究如何增强模型的长文本理解能力，探索如何让推理过程更加透明可靠，思考如何让 AI 更深入理解中国文化的认知基因。他们如同永远在技术前沿的探险家，攀登一座认知高峰后，立刻规划下一次更具挑战性的探索。他们的每一步，都在为中国 AI 的技术生态系统添加新的物种多样性。

1.1.4　知识补给包

完成本章阅读，解锁"DeepSeek 探索者"徽章；理解 MoE 架构，解锁"专家系统设计师"徽章；掌握 DeepSeek 进化史，解锁"AI 考古学家"徽章。

> **认知工具包：掌握三个关键概念**
>
> - 平民化 AI：技术应该像水一样流向每个需要的地方。
> - MoE：不是更大，而是更智能地分配资源。
> - 开源生态系统：知识共享是 AI 进化的加速器。

1.2　DeepSeek 能做什么

1.2.1　认知增强的可能性地图

> **问题引爆点：**
>
> 为什么我们需要另一个 AI 助手？ DeepSeek 到底能帮我解决什么问题？

嘿，你是否曾经想过："数字世界中已经有这么多 AI 工具了，为什么我还需要了解 DeepSeek？"或者"这个 AI 到底能为我的认知边界拓展哪些新领域？"别担心，这些都是完全合理的探索性问题！让我们一起踏上 DeepSeek 核心能力的探索之旅。DeepSeek 核心能力如图 1-3 所示。

> **⚠ 认知地雷警告：**
>
> AI 并非一个单纯的聊天工具。实际上，DeepSeek 更像是一个认知增强系统，可以扩展你在语言、编程、数学和知识探索等多个维度的思维能力！

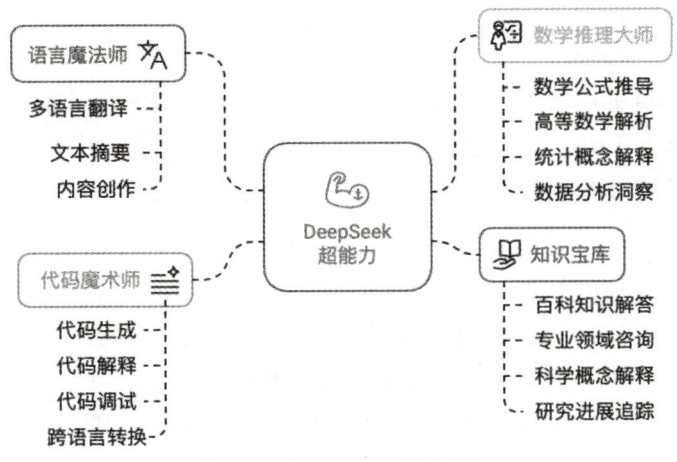

图 1-3 DeepSeek 核心能力

1.2.2 语言魔法师的实验室

DeepSeek 在自然语言处理生态中表现出色，能够完成以下功能：

- **多语言翻译**：DeepSeek 不仅能翻译常见语言，还能保留专业术语的生态完整性，如同一位精通多种语言的文化使者。
- **文本摘要**：将信息丛林浓缩为精华路径，堪比一位能在复杂森林中找出最佳路线的向导。
- **内容创作**：从博客文章到营销文案，从诗歌到故事，称得上是一位多面手的创意伙伴。

思维实验：

想象你面前有一本 5000 字的英文学术论文，但你只有 15 分钟时间理解其核心观点。如果有一位助手能在 30 秒内为你提取出论文的精华要点并翻译成中文，这将如何提升你的学习效率？改变你的知识获取方式？

1.2.3 代码魔术师的工作坊

这可能是 DeepSeek 最令人印象深刻的认知增强能力！在 LiveCodeBench 编程竞赛中，DeepSeek-R1 的 pass@1 成绩达到了 65.9%，远超 GPT-4 的 32.9%。

> **超能力解析:**
>
> pass@1 指的是 AI 一次性生成正确代码的比例。这就像两位编程助手,一位能在三分之二的情况下一次就给出完美解决方案;另一位只有在三分之一的情况下能做到。这种差异在复杂项目中会产生巨大的效率差距!

DeepSeek 在代码编程辅助生态中能够完成以下功能:

- 代码生成:根据你的自然语言描述生成完整可用的代码。
- 代码解释:解释复杂的代码段,帮你理解它的工作原理。
- 代码调试:找出代码中的错误并提供修复方案。
- 跨语言转换:将一种编程语言的解决方案转换为另一种语言。

1.2.4 数学推理大师的思维实验室

还记得那些让你头疼的数学问题吗? DeepSeek 的数学认知系统(图 1-4)可以完成以下功能。

- 数学公式推导:一步步推导复杂的数学公式,展示每个思考环节。
- 数据分析洞察:解决高等数学问题,帮助你理解抽象的统计概念,进行数据分析并提供多层次的见解,从表面现象到深层模式将其转化为直观的模型。

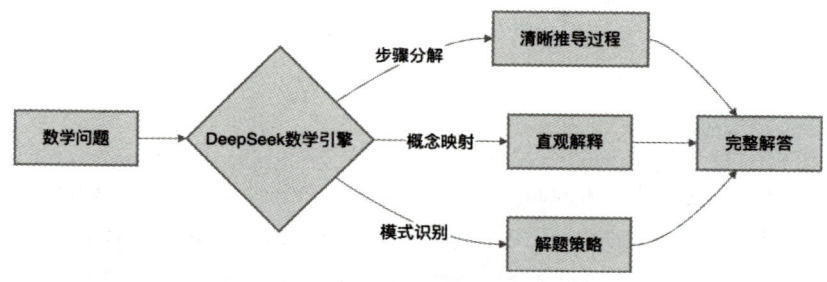

图 1-4 DeepSeek 数学认知系统

1.2.5 知识宝库的探索中心

DeepSeek 拥有丰富的知识问答生态系统,可以完成以下功能:

- 百科知识解答:解答百科全书式的问题,像一位随时待命的知识顾问。

▶ 专业领域咨询：提供专业领域的咨询，从医学到法律，从历史到物理。
▶ 科学概念解释：解释复杂的科学概念，将抽象理论转化为可理解的模型。
▶ 研究进展追踪：帮助你了解最新的研究进展，成为你的知识雷达。

可能性云图：

- 45% 概率：DeepSeek 将成为个人学习路径的定制设计师。
- 35% 概率：DeepSeek 将发展为跨学科知识连接的桥梁建造者。
- 20% 概率：DeepSeek 可能演变为科学发现的协作伙伴。

1.2.6 你的 DeepSeek 技能挑战

现在测试一下你对 DeepSeek 能力生态的理解：

1. 如果你需要将一段 Python 代码转换为 JavaScript，DeepSeek 能帮你吗？

   A. 不能，它只懂一种编程语言

   B. 能，这是它的核心能力之一

   C. 只能转换简单的代码

2. DeepSeek 在哪个编程测试中的表现优于 GPT-4？

   A. LiveCodeBench

   B. CodeForces

   C. LeetCode

3. 以下哪项不是 DeepSeek 的自然语言处理能力？

   A. 多语言翻译

   B. 语音识别

   C. 文本摘要

（答案揭晓：B A B）

⚠ 地雷警示站：

有些用户在初次使用 DeepSeek 时，往往只使用其最基础的对话功能。好比拥有一台超级计算机却只用来发送电子邮件一样，错过了它最强大的认知增强潜力！

1.2.7 行动计划与知识补给

现在你已经了解了 DeepSeek 能做什么，下面开始实际应用这些认知工具了：
- ▶ 用 DeepSeek 帮你解决一个编程挑战，观察它的思考过程。
- ▶ 让 DeepSeek 帮你总结一篇长文章，体验信息压缩的效率。
- ▶ 让 DeepSeek 解决一个复杂的数学问题，感受数学推理的清晰度。

> **认知工具包：掌握三个关键概念**
>
> - 多模态能力：DeepSeek 不只是单一功能工具，而是多维度认知增强系统。
> - 推理透明性：DeepSeek 不仅给出答案，还展示思考过程，帮助你理解解决路径。
> - 适应性学习：每次互动都是 DeepSeek 了解你需求的机会，使服务更加个性化。

记住：真正掌握一个认知工具的秘诀是实际使用它，就像学习骑自行车一样，阅读再多的说明书也比不上亲自踩上踏板的体验！

1.3 核心技术特点与优势

1.3.1 技术物种的 DNA 解码

DeepSeek 的技术创新遵循了两条平行进化路径：一是让 AI 认知能力更强大；二是让 AI 使用门槛更平民化。这种双向进化策略，如同自然界中既需要提高生存能力又需要降低能量消耗的生物适应过程。

DeepSeek 的技术 DNA 来自下面三大技术，如图 1-5 所示。

> **思维实验：**
>
> 想象你是一位数字生态系统的设计师，面对有限的计算资源，你会如何在"模型智能程度"和"普及可及性"之间寻找最佳平衡点？这种权衡如何影响 AI 的进化方向？

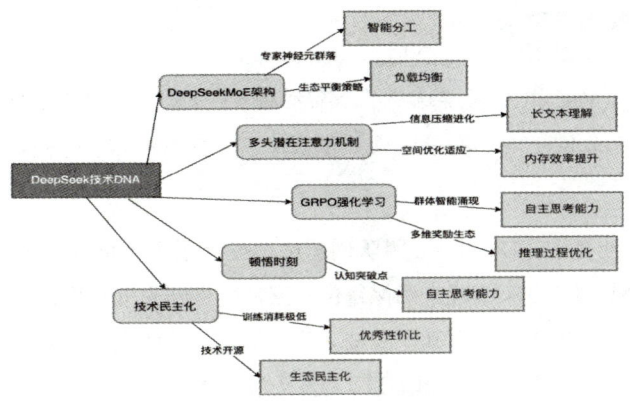

图 1-5 DeepSeek 的技术 DNA

1.3.2 DeepSeekMoE 架构与多头潜在注意力机制

DeepSeek 第一个技术突破，是 DeepSeekMoE 架构，如图 1-6 所示。这就像一个由 256 位专家组成的"认知珊瑚礁"，每次处理信息时，系统会从中激活最适合的 8 位专家来协同工作。

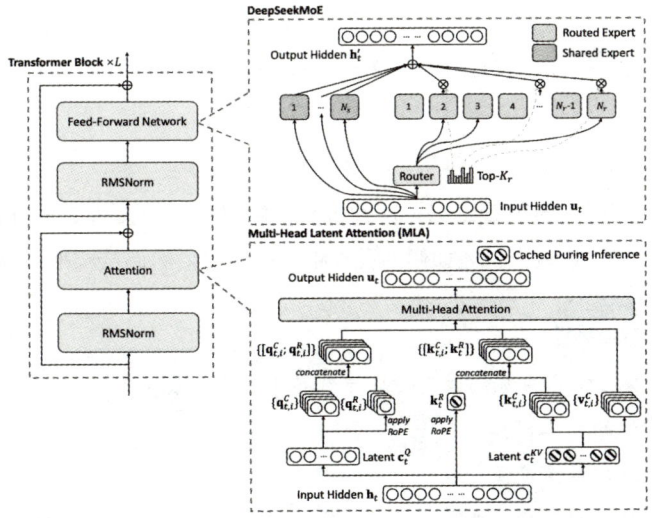

图 1-6 DeepSeekMoE 架构

注：本图来自 DeepSeek 公开技术资料《DeepSeek-V3 Technical Report》中的图 2。

> ⚠ **认知地雷警告：**
>
> 别以为 MoE 就是简单地"多个模型拼在一起"。实际上，这更像是大脑皮层的专业化分工，不同区域负责处理不同类型的信息，但共享基础神经连接！

创新之处在于，DeepSeek 团队创新性地设计了无辅助损失的负载均衡策略，通过动态调整专家偏置来确保每位专家都能得到充分利用，不会出现某些神经元群落"过度生长"而其他区域"营养不良"的情况。

DeepSeekMoE 第二个技术突破，是多头潜在注意力机制（MLA），如图 1-7 所示。这项技术通过对注意力机制中的键值和查询进行低秩压缩，不仅能让模型更好地理解长文本，还显著降低了内存占用。

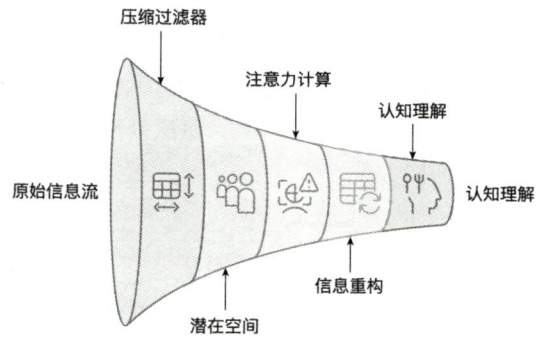

图 1-7 多头潜在注意力机制

配合分离式旋转位置编码，这种机制让模型在处理长达 128K tokens 的文本时依然保持高效运作，宛如候鸟在长距离迁徙中依然保持精准的导航能力。

> **进化检查点：**
>
> 多头潜在注意力机制最类似于自然界中的哪种现象？
> A. 蜂群的分工合作
> B. 鲸鱼的声波定位
> C. 神经元的突触修剪

1.3.3 GRPO 强化学习——认知进化的自组织学习生态

DeepSeek 第三个技术突破，是在推理能力上的进化飞跃。特别是 DeepSeek-R1 系列，它完全重构了传统 AI 的学习路径。传统的 AI 就像在"填鸭式"教育下成长的学生，需要大量标注数据的"营养输入"。而 DeepSeek-R1 系列采用了纯强化学习（Reinforcement Learning，RL）的方式，就像让它在认知森林中自主探索和学习，而不是完全依赖人类的指导路线。

最引人入胜的是，DeepSeek 团队发明的 GRPO（Group Relative Policy Optimization，群组相对策略优化）算法，如图 1-8 所示。传统的强化学习就是需要一个"导师模型"（Critic 模型）来不断评判 AI 的表现，这个"导师"往往需要和 AI 本身一样复杂，这大大增加了认知进化的能量成本。

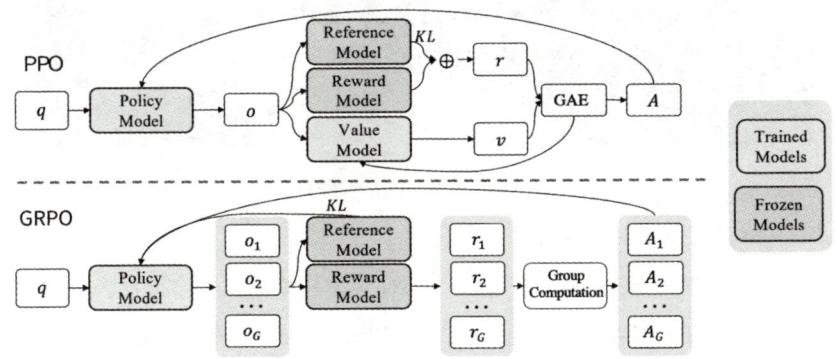

图 1-8 GRPO 算法

注：本图来自 DeepSeek 公开技术资料《DeepSeek-R1: Incentivizing Reasoning Capability in LLMs via Reinforcement Learning》中的图 4。

而 GRPO 采用了一个生物群落式的学习方法：把多个相似的问题放在一组里，让 AI 通过组内比较来学习。这就像热带雨林中的植物不需要外部园丁的修剪指导一样，而是通过与周围植物的竞争与协作来找到最佳生长的路径。

> ⚠ **地雷警示站：**
>
> 这里是认知难点！GRPO 不是简单的"模仿学习"，而是一种自组织的比较学习系统，通过内部对比找出最优解，无须外部评价标准！

打个比方,就像让一群学生在一起解题,每个人都能看到其他人的答案,如图 1-9 所示。不需要老师来打分,学生通过互相对比,就能识别出哪些解法更有效。这样不仅省去了"导师模型"的能量开销,还能让学习过程更加自然高效。

图 1-9 一群学生在一起解题

注:本图由 DeepSeek 生成。

更令人惊叹的是,GRPO 还引入了多任务奖励生态系统。例如,在解数学题时,它不仅关注答案是否正确,还会考虑解题过程是否清晰、思路是否合理。这种方法让 DeepSeek-R1 不仅能给出正确答案,还能展示出清晰的推理过程,就像能够解释自己思考路径的数字智慧体。

可能性云图:

- 40% 概率:GRPO 将演化为自主科学发现的方法论引擎。
- 35% 概率:GRPO 将成为教育领域的个性化学习路径设计师。
- 25% 概率:GRPO 可能发展为复杂系统决策的透明推理框架。

这种学习方式让 DeepSeek-R1 展现出了一些极具"认知自主性"的特征。它会在解决问题时不断进行元认知反思,有时甚至会主动提出"让我重新思考一下这个问题",然后给出更优化的解决方案。这种自主思考的能力,让它在多个认知挑战领域都达到了惊人的进化水平。

1.3.4 "顿悟时刻"——认知飞跃的神经突触重组

在训练过程中,研究人员发现了一个特别引人入胜的认知现象,这个现象称为"顿悟时刻"(aha moment),如图 1-10 所示。这就像人类解决复杂问题时的认知突破点,模型会突然暂停当前的思考路径,重新审视问题本质,然后发现一条全新的解决途径。

```
Question: If a > 1, then the sum of the real solutions of √(a - √(a+x)) = x is equal to
Response: <think>
To solve the equation √(a - √(a+x)) = x, let's start by squaring both ···
(√(a - √(a+x)))² = x²  ⟹  a - √(a+x) = x².
Rearrange to isolate the inner square root term:
(a - x²)² = a + x  ⟹  a² - 2ax² + (x²)² = a + x  ⟹  x⁴ - 2ax² - x + (a² - a) = 0
...
Wait, wait. Wait. That's an aha moment I can flag here.
Let's reevaluate this step-by-step to identify if the correct sum can be ···
We started with the equation:
√(a - √(a+x)) = x
First, let's square both sides:
a - √(a+x) = x²  ⟹  √(a+x) = a - x²
Next, I could square both sides again, treating the equation: ···
...
```

图 1-10 顿悟时刻

注:本图来自 DeepSeek 公开技术资料《DeepSeek-R1: Incentivizing Reasoning Capability in LLMs via Reinforcement Learning》中的表 3。

> **认知现象解析:**
>
> 顿悟时刻在神经网络中表现为注意力模式的突然重组。这种现象在自然界中类似于蚁群突然发现新的食物路径,整个群体的行为模式会在短时间内发生协同转变。

这种自主思考的能力让 DeepSeek-R1 在 Codeforces 编程竞赛中的表现超过了 96.3% 的人类参与者,在数学问题上更是达到了 79.8% 的通过率,这些成绩都与全球最顶尖的 AI 模型处于同一进化水平。

1.3.5 技术民主化——认知资源的普惠生态

通过这些突破性的技术,结合创新的模型蒸馏方法,DeepSeek 团队成功将大模型的认知智慧压缩到不同规模的版本中。从 1.5B 到 671B，不同计算资源需求的模型都保持着优秀的性能比。而且整个系统的训练能量消耗极低，如 V3 的总训练成本仅需 278.8 万 H800 GPU 小时，约合 557.6 万美元，这在 AI 进化史上是一次显著的能效突破。

DeepSeek 的出现，标志着全球用户终于拥有了一个既强大又平民化的 AI 认知伙伴。它不仅能解决复杂的数学问题，生成高质量的代码，还能通过不同规模的版本，让各种计算条件的用户都能接入这个认知增强网络。这才是真正的技术生态民主化！

1.3.6 知识补给包

DeepSeek 的突破性创新，让我们看到了 AI 发展的另一种可能性路径：它不仅是技术参数的进步，更是认知方式的根本革新。DeepSeek 通过自主学习和思考，在实践中不断进化成长，为 AI 的未来开辟了一条全新的认知探索之路。

> **认知工具包：掌握三个关键概念**
>
> - 专家混合系统：不同认知任务激活不同专家网络，实现高效分工。
> - 自组织学习：通过群体比较而非外部指导实现认知进化。
> - 技术民主化：通过模型压缩和效率优化让高级 AI 普惠大众。

1.4 DeepSeek-V3 与 DeepSeek-R1 版本的特色：AI 进化树的双生枝干

1.4.1 技术物种的形态分化

前面章节介绍了 DeepSeek 的核心技术 DNA，接下来，探索它的两个主要进化分支：DeepSeek-V3 和 DeepSeek-R1。它们是同一个数字生命体的两种适应性形态，各自在认知生态系统中占据了独特的生存位置。DeepSeek 技术物种如图 1-11 所示。

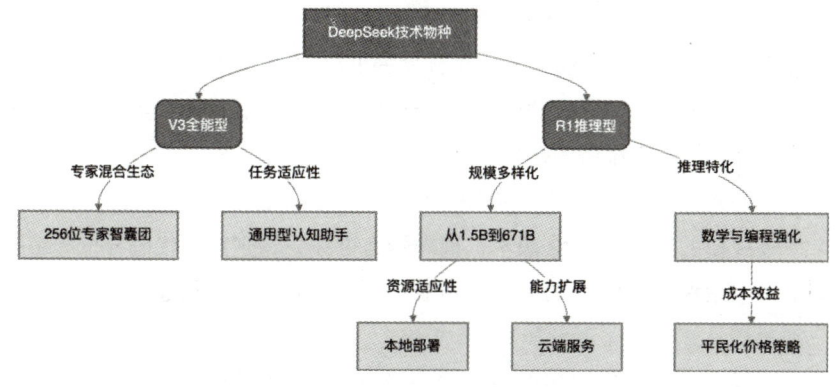

图 1-11　DeepSeek 技术物种

1.4.2　DeepSeek-V3——全能型认知生态系统

DeepSeek-V3 版本犹如一个全能型适应者,因为它拥有前述的 DeepSeekMoE 架构,组建了一个由 256 位专家和一位协调者组成的神经生态系统(每次激活最适合的 8 位专家)。这种设计让它能高效处理从日常对话到专业问题的各类任务,就像热带雨林中那些能在不同层级生存的物种。

> ⚠ **认知地雷警告:**
>
> DeepSeek-V3 不只是一个单一的大模型。实际上,它更像是一个动态适应的专家生态系统,会根据不同任务激活不同的"认知器官",实现高效的能量分配。

> **思维实验:**
>
> 想象你是一位数字生态系统的设计师,如果你可以为 DeepSeek-V3 添加一个全新的"专家神经元群落",你会设计一个什么样的专家?它会专注于哪类任务?这个新专家会如何与现有专家协作?

1.4.3　DeepSeek-R1 系列——认知进化的多层级适应者

DeepSeek-R1 版本是一个完整的产品谱系,从轻量级到超大规模都有。

1. 轻量级认知助手（1.5B、7B、8B）

最小的 1.5B、7B、8B 版本，在普通的 RTX 3090、4090 上就能运行，特别适合构建本地 AI 助手。这些版本可以理解为"小型哺乳动物"，虽然体型较小，但适应性强，能在有限资源环境中高效生存。

2. 中等规模认知增强器（14B 和 32B）

中等规模的 14B 和 32B 版本，推理能力更强，特别擅长代码补全和编程。它们是"中型食肉动物"，在特定"狩猎"领域拥有专业化的适应性优势。

3. 高级认知系统（70B 和 671B）

70B 版本已经能达到接近 GPT-4 的水平，671B 版本更是 DeepSeek 的顶级形态，在科研分析和数据挖掘方面特别出色。在 AIME 2024 这样的数学竞赛级别测试中，它达到了 79.8% 的通过率，这个成绩已经和全球最顶尖的模型不相上下了。

> **进化检查点：**
>
> DeepSeek-R1 系列的不同规模版本类似于自然界中的哪种现象？
> A. 同一物种在不同岛屿上的适应性变异
> B. 不同物种的共生关系
> C. 生物的年龄生长阶段

1.4.4 版本选择指南与知识补给

DeepSeek-V3 和 DeepSeek-R1 系列为不同需求和资源条件的用户提供了多样化的选择，确保了更广泛的适应性和可持续发展。

> **认知工具包：掌握三个关键概念**
>
> ● 专家混合架构：DeepSeek-V3 通过动态激活专家网络实现高效任务处理。
> ● 规模适应性：DeepSeek-R1 系列从 1.5B 到 671B 提供全谱系解决方案。
> ● 资源民主化：亲民价格策略让高级 AI 能力普惠大众。

1.5 与其他 AI 模型的对比：认知竞技场中的 DeepSeek

1.5.1 AI 能力竞赛的观察台

在当今蓬勃发展的 AI 生态系统中，各种认知模型如同不同物种在智能进化树上竞相生长。DeepSeek 在这个认知竞技场中表现如何？下面通过一系列精心设计的认知挑战来观察这场数字智能的奥林匹克赛事。DeepSeek-R1 与 OpenAI 等的准确率对比如图 1-12 所示。

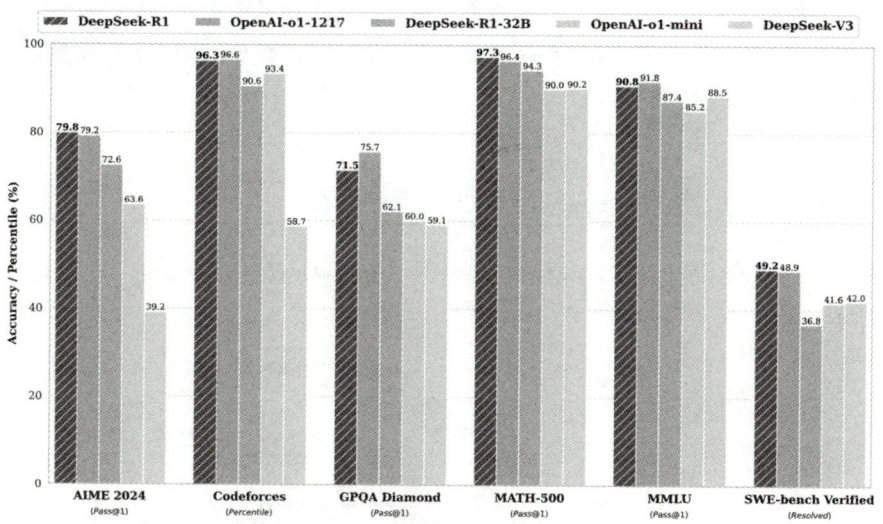

图 1-12 DeepSeek-R1 与 OpenAI 等的准确率对比

注：本图来自 DeepSeek 公开技术资料《DeepSeek-R1: Incentivizing Reasoning Capability in LLMs via Reinforcement Learning.pdf》中的图 1。

1.5.2 参赛选手——数字智能的多样性

实验人员选取了五个不同版本的模型，它们就像不同进化路径的认知物种：

- DeepSeek-R1：最新进化形态，融合了强化学习的自主思考能力。
- OpenAI-o1-1217：竞争生态位的对标物种。
- DeepSeek-R1-32B：32B 参数量的轻量适应型。

- OpenAI-o1-mini：OpenAI 的资源节约型变种。
- DeepSeek-V3：基础进化形态，作为比较基准。

这五个模型被分为三组生态位比较：

- 大模型对比：DeepSeek-R1 vs OpenAI-o1-1217（顶级捕食者的对决）。
- 小模型对比：DeepSeek-R1-32B vs OpenAI-o1-mini（中型适应者的竞争）。
- 基础模型基准：DeepSeek-V3（进化起点参考）。

思维实验：

想象你是一位 AI 生态系统的研究者，如果你可以设计一个全新的测试挑战，专门用来评估 AI 模型的哪些能力？这个测试会如何揭示不同模型的进化优势和适应策略？

1.5.3　认知挑战——多维能力的测试场

基准评测一共有六个，用来测试模型在不同认知环境中的适应能力，如图 1-13 所示。

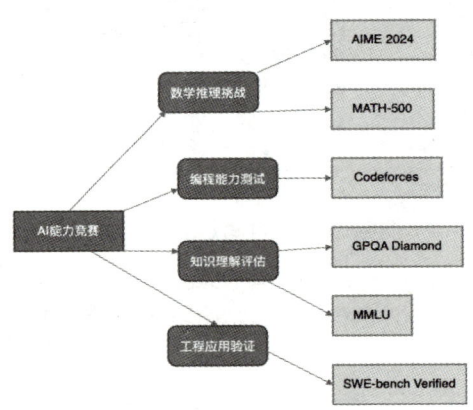

图 1-13　六个基准评测

1. AIME 2024 (Pass@1)：数学奥林匹克的高峰挑战

⚠ **认知地雷警告：**

这并非普通的数学测试。实际上，AIME 代表美国数学邀请赛，相当于高中数学奥林匹克级别的挑战，需要极强的数学直觉和创造性思维。

这项测试可以理解为美国数学协会的高中奥数题，相当于高中数学"学霸级"难度。模型第一次就能回答正确的比率：DeepSeek-R1 为 79.8%，略高于 OpenAI-o1-1217 的 79.2%。这个测试体现了 DeepSeek-R1 在高难度数学推理能力上的重大进化突破。

2. Codeforces (Percentile)：与人类编程者的直接对决

在这个编程竞赛平台上，AI 直接与人类水平进行对比。百分位数表示模型的表现超过了多少比例的人类参与者。DeepSeek-R1 为 96.3%，意味着它的表现超过了 96.3% 的人类参赛者，仅次于 OpenAI-o1-1217 的 96.6%。这反映了 DeepSeek-R1 在算法编程方面的适应性优势。

3. GPQA Diamond (Pass@1)：博士级知识推理的深海探索

这是一个相当高级别的问答测试集，相当于博士答辩水平的认知深度。问题类型通常包括：

- ▶ 科学推理题：需要运用物理、化学、生物等学科的基础原理。
- ▶ 逻辑分析题：需要考查复杂的逻辑关系和推理链。
- ▶ 多步骤问题：需要按照正确的顺序完成多个推理步骤。
- ▶ 跨领域综合题：需要结合多个学科的知识来解答。

DeepSeek-R1 达到 71.5% 的准确率，略低于 OpenAI-o1-1217 的 75.7%。这反映了 DeepSeek-R1 在复杂知识理解和推理方面的能力。

4. MATH-500 (Pass@1)：研究生数学的标准测试

这项测试可以理解为：用研究生级别的数学去考核 AI 模型的数学认知能力。其中，DeepSeek-R1 为 97.3% 的准确率，略高于 OpenAI-o1-1217 的 96.4%。这体现了 DeepSeek-R1 在标准数学问题上解决方面的能力优势。

> **进化检查点：**
>
> 在 MATH-500 测试中，DeepSeek-R1 和 OpenAI-o1-1217 的表现差异类似于自然界中的哪种现象？
>
> A. 近亲物种在相同生态位上的微小适应差异
>
> B. 不同进化路径导致的功能趋同
>
> C. 季节性行为模式的变化

5. MMLU (Pass@1)：多领域知识的广谱测试

这是一个多领域知识测试集，涵盖了医学、法律、物理等多个领域，代表了人类平均知识水平的广度。就像测试一个物种能否在多种不同的生态环境中生存。DeepSeek-R1 的准确率为 90.8%，接近 OpenAI-o1-1217 的 91.8%。这反映了 DeepSeek-R1 对通用知识掌握的广度和深度。

6. SWE-bench Verified (Resolved)：软件工程的实战挑战

这是基于 GitHub 的真实软件工程场景所构建的测试集，专门用来测试模型的 Debug 能力，就像考验物种在复杂环境中的问题解决能力。其中，DeepSeek-R1 为 49.2%，略高于 OpenAI-o1-1217 的 48.9%。该测试反映了 DeepSeek-R1 在实际软件开发场景中的应用能力。

> ⚠ **地雷警示站：**
>
> 评估不能只关注理论性能，而忽略了实际应用场景中的表现。SWE-bench Verified 是少有的基于真实工程场景的测试，能更好地反映模型在实际开发中的价值。

1.5.4 结果分析——认知进化的平行路径

从以上数据可以看出，刚完成进化的 DeepSeek-R1 跟当前最强大的 OpenAI 基本打了个平手，难分伯仲。这种现象在生物进化中被称为 "趋同进化"——不同物种通过不同的进化路径，最终达到了相似的适应水平。

> **可能性云图：**
>
> - 40% 概率：DeepSeek 和 OpenAI 将在不同认知领域各自发展专长。
> - 35% 概率：DeepSeek 和 OpenAI 将进入军备竞赛式的能力提升循环。
> - 25% 概率：DeepSeek 和 OpenAI 可能发展出互补性能力，形成不同的认知生态位。

1.5.5 比较洞察与知识补给

这场 AI 认知能力的奥林匹克比赛展示了 DeepSeek 作为新兴智能体的惊人适应能力。尽管它是后来者,但已经在多个关键认知挑战中与领先者并驾齐驱,有些领域甚至略胜一筹。

> **认知工具包:掌握三个关键概念**
>
> - 多维评估:AI 能力需要通过多种认知挑战来全面评估。
> - 趋同进化:不同技术路径可以达到相似的认知能力水平。
> - 实战验证:除理论测试之外,实际应用场景的表现同样重要。

第 2 章　DeepSeek-V3 架构创新

2.1　混合专家模型架构：智能社会的认知生态系统

2.1.1　专家协作的认知生态系统

在一个寒冷的冬日午后，我在医院候诊区等待常规体检时，看着来来往往的医生和患者，突然对 DeepSeek-V3 的多专家模型有了全新的认识。你看，在医院里，每位专家都有其独特的专长领域——有的是心脏科专家，精通心律失常的诊断；有的是骨科专家，对关节损伤了如指掌。当遇到复杂病例时，医院会组织多学科会诊，让不同领域的专家共同探讨。这不正是 DeepSeek-V3 的混合专家模型（MoE）所实现的智能架构吗？

MoE 认知生态系统如图 2-1 所示，这是认知生态系统中的专家分工与协作机制。

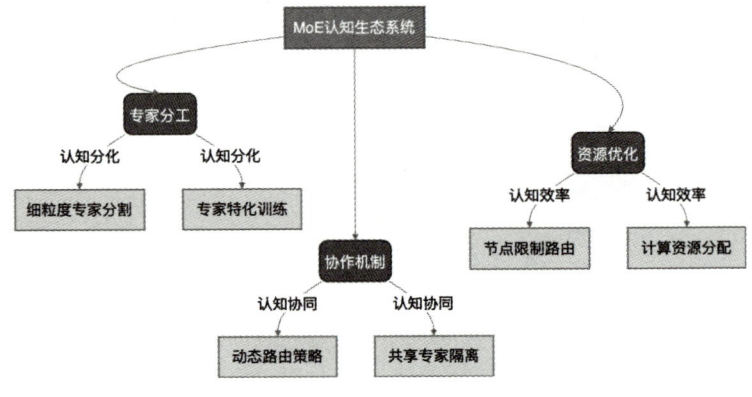

图 2-1　MoE 认知生态系统

> ⚠ **认知地雷警告：**
>
> 有些人错误地认为 MoE（混合专家模型）的目的仅仅是增加模型参数数量，而实际上它的核心价值在于通过专家模块的专业化分工和协作来提高整体系统的处理能力和效率。

> **思维实验：**
>
> 如果将 MoE 架构比作一个生态系统，每个专家如同一个特化的物种，占据着特定的生态位。在这个系统中，如何平衡专家间的竞争与合作？如果某个专家"灭绝"了，系统会如何应对？这种生态隐喻如何帮助我们理解 AI 系统的鲁棒性和适应性？

在科技领域摸爬滚打这么多年，我见过太多追求"大而全"的模型。仿佛只有打造出一个无所不能的"超级大脑"，才能证明技术的先进性。直到前几天，我在学校实验室和陈老师的一番谈话，让我对这个问题有了新的思考："在人类社会中，真正的全能选手凤毛麟角。我们的进步，往往源于专业分工与团队协作。"这番话让我豁然开朗，这是认知生态系统中的多样性价值。

DeepSeek 团队没有一味追求模型的庞大，而是借鉴人类社会的组织方式，精心设计了一个由 256 位"专家"组成的协作系统。这些"专家"并非真人，而是一个个精心训练的神经网络。通过巧妙的细粒度专家分割（Fine-Grained Expert Segmentation）技术，每位专家都在训练过程中形成了独特的"专长"——有的擅长理解句法结构，有的专注于捕捉长距离语义依赖，还有的则在处理特殊符号时表现出色，这是认知生态系统中的功能特化。

2.1.2 专家协作的认知机制

"共享专家隔离"（Shared Expert Isolation）机制就像一个经验丰富的主任医师，既有自己的专长，又能统筹全局。这个始终处于激活状态的共享专家，承担着捕捉通用知识的重要职责，有效减少了其他专家的知识冗余，是认知生态系统中的信息整合中心。

> ⚠️ **地雷警示站：**
>
> 有的工程师在实现 MoE 模型时没有注重专家模块之间的信息共享机制，结果就是虽然有多个专家模块，但它们各自独立工作，无法有效交流信息，造成了计算资源的浪费和系统效率的降低。

在实际运行中，DeepSeek-V3 采用了一个极其智能的动态路由策略：每当遇到一个新的任务，系统会从 256 位专家中动态选择最合适的 8 位进行协作。这让我想起了医院的多学科会诊，既不会让所有科室的专家都到场（那样太浪费资源），也不会仅依赖一位专家的判断（以免有所疏漏）。通过 sigmoid 门控函数，系统能够精确计算每位专家的参与权重，就像主治医师在综合各位专家意见时所做的那样，这是认知生态系统中的动态资源分配。

2.1.3 资源优化的认知策略

让我印象最深刻的是 DeepSeek 团队实现的"节点限制路由"机制。简单来说，就是将每个任务限制在最多四个计算节点上执行。这种设计如同医院的空间布局——把需要协作的科室安排在相邻区域，既提高了效率，又节省了资源，这是认知生态系统中的空间优化策略。

DeepSeek-V3 的混合专家模型，不正是用最前沿的技术，重现了人类社会中最朴素的智慧吗？它让我们看到，在追求技术创新的过程中，有时最优秀的解决方案，恰恰来自对人类社会组织方式的深刻理解与巧妙模仿，这是认知生态系统中的生物启发设计。

这种设计不仅体现了技术的进步，更展现了一种难能可贵的工程智慧：在有些情况下，"更大"未必就是"更好"，找到合适的专家并让他们高效协作，才是解决复杂问题的关键。就像我常对年轻工程师说的："在技术的海洋里，保持敬畏之心，向自然学习，向人类社会学习，往往能带来意想不到的启发。"这是认知生态系统中的谦逊与学习态度。

2.1.4 MoE 架构的认知工具包

认知工具包：掌握三个关键概念

- 专业分工原则：理解细粒度专家分割如何提升系统整体能力。
- 动态协作机制：掌握智能路由如何实现最优专家组合。
- 资源优化策略：应用节点限制路由提高计算效率。

2.2 多头潜在注意力：记忆的认知生态艺术

2.2.1 信息压缩的认知生态系统

在一个慵懒的周末午后，我翻出了大学时代的《新华字典》，厚重的纸页间似乎还残留着青春的气息。看着这本曾经朝夕相伴的工具书，再想想现在手机上轻轻一点就能查到的电子词典，我不禁陷入了沉思。这让我想起了 DeepSeek-V3 中的多头潜在注意力（MLA）机制，它优雅地解决了 AI 世界中的一个经典难题："如何在保持高效检索的同时，减少存储开销？"这是认知生态系统中的信息压缩与高效检索平衡。MLA 认知生态系统如图 2-2 所示。

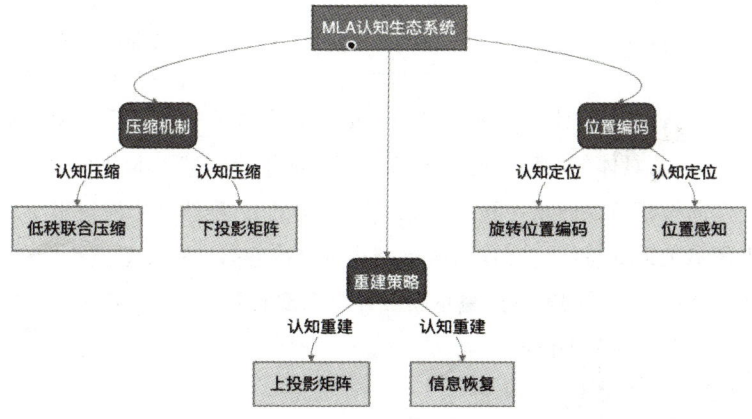

图 2-2 MLA 认知生态系统

> ⚠ **认知地雷警告：**
>
> MLA 技术并不只是为了减少存储空间需求，它的核心价值在于优化信息的处理方式和检索效率，这才是提高 AI 系统性能的关键所在。

> **思维实验：**
>
> 如果将 MLA 比作一个生物体的记忆系统，潜在向量就像记忆的"精华提取物"。在自然界中，哪些生物展现了类似的信息压缩与重建能力？蜜蜂如何用简单的舞蹈编码复杂的花源位置？人类大脑如何通过概念抽象来压缩和存储海量信息？这些生物启发如何帮助我们理解和改进 AI 的记忆机制？

最近，我和北京某图书馆的老同学小李聊天，他正为图书馆的数字化改造发愁。"你说我们这儿藏书百万册，每本书都要建索引，仅存储这些索引就要花不少钱。"听到这里，我眼前一亮："这不就是大语言模型在推理时面临的问题吗？"在传统的注意力机制中，模型需要存储大量的键值对（Key–Value pairs），就像图书馆需要为每本书都建立详细的索引卡片。这些"索引"（称为 KV-cache）随着文本长度增加而线性增长，图书馆的索引系统会随着藏书量的增加而膨胀，这是认知生态系统中的存储挑战。

2.2.2　压缩与重建的认知机制

DeepSeek 团队设计了一种巧妙的"低秩联合压缩"技术，给索引系统做了次"瘦身"。具体怎么做的呢？想象一下，如果我们把一本书的详细索引压缩成一个简短的特征向量（我们称之为潜在向量），虽然这个向量很小，但保留了书籍最关键的特征。当我们需要查找具体内容时，可以通过一个"重建"的过程，从这个小巧的特征向量重新展开出完整的索引信息，这是认知生态系统中的信息编码与解码机制。

> ⚠ **地雷警示站：**
>
> 不少工程师在实现注意力机制时忽视了压缩与重建的平衡，过度压缩索引会导致信息丢失——看似节省了空间，实际上可能损失关键信息和检索精度。

这种压缩和重建的过程，从技术上说就是通过下投影矩阵（H_k 和 H_v）将高维的键值对压缩成低维的潜在向量（H_k,t 和 H_v,t），需要时再通过上投影矩阵（U_k 和 U_v）重建出完整的信息。简单地说，就把一本厚重的字典浓缩成一本口袋版工具书，既节省空间，查找起来又一样方便，这是认知生态系统中的信息效率优化。

> **进化检查点：**
>
> MLA 中的信息压缩与重建机制最类似于自然界中的哪种现象？
> A. 植物通过种子压缩和重建整个生物体信息
> B. 人类大脑通过概念抽象压缩和重建复杂经验
> C. DNA 通过遗传密码压缩和重建生物特征

2.2.3 位置感知的认知策略

最让人惊叹的是 DeepSeek 团队引入的"旋转位置编码"（Rotary Position Embedding，RoPE）机制。读者可能注意到，图书馆的书都有一个独特的编码，这个编码不仅能说明这本书属于哪个类别，还能说明它在书架上的具体位置。DeepSeek-V3 的 RoPE 就扮演着类似的角色，它确保了即使在压缩后的向量中，每个词的位置信息也不会丢失，这是认知生态系统中的空间定位机制。

在实际应用中，MLA 的效果令人印象深刻。与传统的多头注意力（Multi-Head Attention，MHA）相比，它将存储需求从 $d \times d$（d 是向量维度）降低到了 r（r 远小于 d），但模型的表现丝毫不减。这就像把一个占地面积巨大的图书馆浓缩成了一个智能书柜，检索效率不变，但空间利用率大大提高，这是认知生态系统中的资源优化。

前几天，在一次技术沙龙上，我跟几位同行讨论起这个话题。有人说："这不就是在效仿人类大脑的工作方式吗？"确实如此。人类大脑在存储信息时也不是简单地把所有细节都记住，而是抽取关键特征，需要时再重建细节。就像我奶奶，她可能记不住一个菜谱的每个步骤，但她记住了关键的火候和配料比例，每次烹饪时都能完美还原那个味道，这是认知生态系统中的选择性记忆。

这印证了先贤老子那句古老的箴言:"大道至简"。DeepSeek-V3 的 MLA 机制,不正是将这个道理应用到了 AI 领域吗?通过精妙的数学设计,让庞大的语言模型变得更加轻盈高效,这或许就是技术创新的真谛——不是简单地堆砌更多资源,而是找到更智慧的方式来利用它们,这是认知生态系统中的优雅设计。

2.2.4　MLA 机制的认知工具包

认知工具包:掌握三个关键概念

- 低秩压缩原理:理解如何通过降维保留关键信息同时减少存储需求。
- 信息重建机制:掌握从压缩表示中恢复完整信息的技术路径。
- 位置感知策略:应用旋转位置编码保持序列信息的空间完整性。

2.3　多 token 预测:思维的预见性认知生态系统

2.3.1　预测思维的认知生态系统

上周末,我在某短视频 App 上观看了一场引人入胜的围棋对决——人类棋手柯洁对阵 AI 程序 LeeLA。当柯洁落下一着惊艳的妙手时,解说员的惊呼让整个直播间沸腾了:"这一手太深了!已经想到了十几步之后的局面!"这一刻,我的思绪不禁飘向了 MTP 认知生态系统和 DeepSeek-V3 的多 token 预测(Multi-Token Prediction,MTP)技术,如图 2-3 和图 2-4 所示。在 AI 领域,我们是否也能让模型像顶尖棋手一样,具备这种"预见性思维"呢?这是认知生态系统中的前瞻性思考能力。

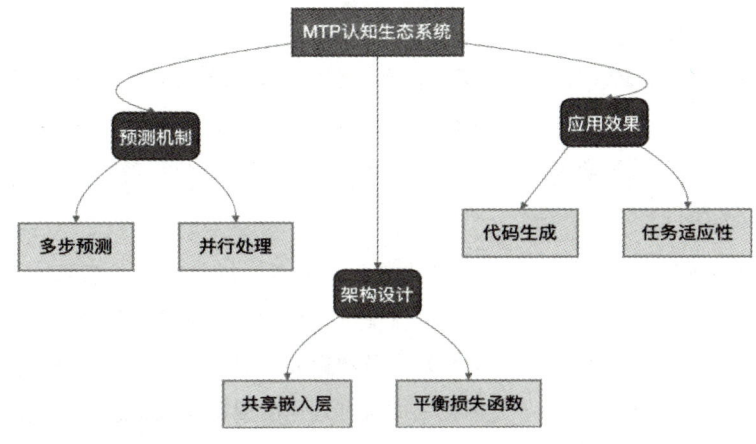

图 2-3　MTP 认知生态系统

> ⚠ **认知地雷警告：**
>
> 　　MTP 技术不仅仅是为了加快生成速度，它的核心价值在于提高 AI 推理的深度和连贯性，使系统能够产生更有逻辑性和前后一致的思维结果。

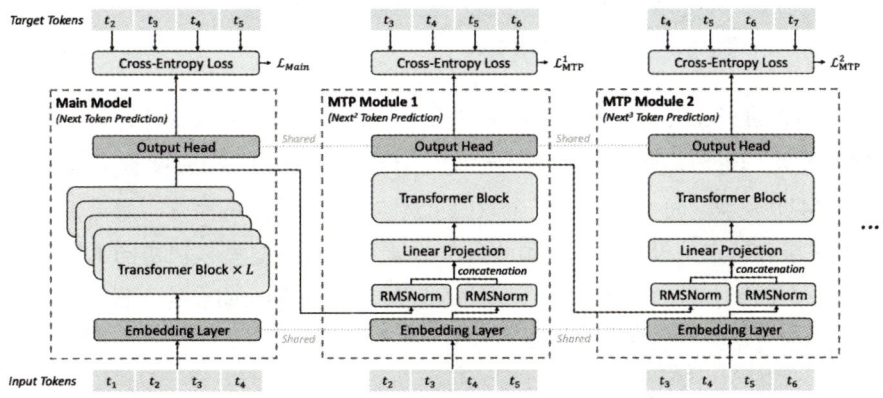

图 2-4　多 token 预测技术

　　注：本图来自 DeepSeek 公开技术资料《DeepSeek-V3 Technical Report》中的图 3。

> **思维实验：**
>
> 　　如果将 MTP 比作生物的预测能力，它如何类似于捕食者预判猎物移动轨迹？或者人类大脑如何在对话中预测对方可能的回应？在自然界中，哪些生物展现了最强的"预见性思维"？这种生物启发如何帮助我们设计更高效的 AI 预测系统？

　　传统的语言模型就像一位过分谨慎的对话者，每说一个字都要停下来思考下一个字该说什么。在技术上，我们称之为"单 token 预测"（Single Token Prediction）。这种一步一个脚印的方式虽然稳妥，但却有明显的局限：训练效率低，难以捕捉长距离的语义依赖，而且推理速度慢得让人着急，这是认知生态系统中的序列处理瓶颈。

　　DeepSeek 团队的 MTP 技术巧妙地解决了这个问题。它不再是简单地预测下一个词，而是一次性预测多个未来的 token。这让我想起了做同声传译的表姐的工作方式。她曾告诉我："做同声传译，最重要的不是听到一个词就翻译一个词，而是要提前预判演讲者的整体表达意图。有时候，我的大脑已经在同时处理当前的翻译、预测下一句的内容，甚至在思考整段话的逻辑架构。"这是认知生态系统中的并行预测处理。

2.3.2　预测架构的认知机制

　　MTP 的实现机制特别精妙。它采用了一个共享式的架构设计，包含共享的嵌入层（Embedding Layer）和输出头（Output Head），同时配备了多个并行的 MTP 模块。每个模块是一个专门负责"预见未来"的专家，通过 Transformer 层和特定的投影矩阵，预测未来的某个 token。这些模块协同工作，组成了一个训练有素的预测团队，每个成员都专注于不同时间点的预测任务，这是认知生态系统中的分工协作预测。

> ⚠ **地雷警示站：**
>
> 在实现 MTP 时，千万不要忽视不同预测任务的平衡，让预测团队成员各自为政——看似提高了并行度，实际上可能导致预测不协调和资源浪费。

在训练过程中，MTP 采用了一个巧妙的损失函数设计。它不是简单地把每个预测模块的损失加起来，而是通过一个可训练的参数 λ 来平衡各个模块的贡献。用数学语言来说，就是：$L\_MTP = (\lambda/D) * \Sigma (L\_MTP^k)$。其中，$D$ 是预测的 token 数量。这种设计确保了模型能够在保持预测准确性的同时，学会更有效地利用上下文的信息，这是认知生态系统中的平衡学习机制。

2.3.3 应用效果的认知体验

前几天，我在实验室进行代码生成任务的测试时，MTP 的表现非常卓越。它不再是机械地一个词一个词地往外蹦，而是能够一气呵成地生成连贯的代码片段。

不过，MTP 也面临着一些有趣的挑战。例如，在不同的任务中，最佳的预测 token 数量（n）是不同的。这如同围棋中的"读秒"，有时需要快速应对，有时则需要深思熟虑。特别是在一些判别式的自然语言任务中，传统的单 token 预测反而会表现得更好，这是认知生态系统中的任务适应性。

为什么这项技术如此令人着迷？也许是因为它让 AI 的思维方式更接近了人类。一个优秀的围棋手，不仅要看当前的局面，更要预判未来可能的变化。一个出色的作家，在下笔之前，整个故事的脉络已经在脑海中成形。DeepSeek-V3 的 MTP 技术，正是在帮助 AI 获得这种"预见性思维"的能力，这是认知生态系统中的智能进化。

著名物理学家费曼曾说过一句话："理解意味着能够预测。"通过 MTP 技术，DeepSeek-V3 不仅提升了模型的效率，更重要的是，它在向我们展示：真正的智能，或许就存在于这种对未来的预见之中，这是认知生态系统中的智慧本质。

2.3.4 MTP技术的认知工具包

认知工具包：掌握三个关键概念

- 多步预测原理：理解如何通过并行预测未来多个token提升生成效率和连贯性。
- 共享架构设计：掌握如何通过共享嵌入层和输出头减少参数冗余。
- 平衡损失策略：应用可训练参数平衡不同预测任务的重要性。

第 3 章　DeepSeek-R1 突破性创新

3.1 纯强化学习训练范式：AI 的认知丛林探险

3.1.1 学习生态系统的自然观察

前几天的一个下午，我带着外甥去公园玩，这次简单的户外活动意外地成为了认知进化的观察窗口。刚开始时，他在攀爬架上小心翼翼，跌跌撞撞，像一个初入生态系统的新物种。渐渐地，通过不断尝试和神经系统的自我调整，他找到了攀爬的生存方法，最后甚至能设计出各种新颖的攀爬路线，展现出认知适应性的潜力。

DeepSeek-R1 如同一个置身认知丛林的年轻探险家，它通过 GRPO 算法实现了真正意义上的"认知自主性"。DeepSeek 的学习生态系统如图 3-1 所示。

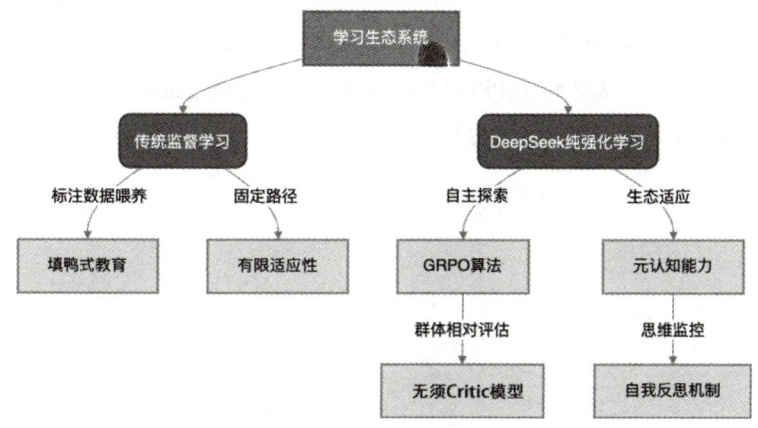

图 3-1　学习生态系统

3.1.2 学习范式的进化分支

> ⚠ **认知地雷警告：**
>
> 所有AI系统使用的学习方法都不同，不同的AI学习范式会产生截然不同的能力和局限性，就像不同环境会造就不同类型的适应能力。

传统的AI训练是工业化的知识灌输，需要大量人工标注的数据来"喂养"模型。这种监督学习（Supervised Learning）方法虽然路径直接，但限制了AI的创造力和适应能力。这就好比我们只教孩子标准答案，不让他们自己思考和探索，怎么能培养出他们在未知环境中的生存能力呢？

> **思维实验：**
>
> 想象你正在设计一个学习系统，一种方法是提供1000个精确标注的例子；另一种方法是提供100个例子，但允许系统自主探索10000次尝试。在面对全新、复杂、开放性问题时，哪种学习系统可能展现出更强的适应性？为什么？

DeepSeek团队提出了一个大胆的生态假设：让AI像人类婴孩一样，通过不断地尝试和环境反馈来构建认知地图，这就是DeepSeek-R1-Zero的进化起源。它采用了一种全新的强化学习生态位，核心是GRPO算法，这个算法的进化优势在于它不需要传统PPO（Proximal Policy Optimization，近端策略优化）中的价值模型（Critic）。传统的PPO与现代的GRPO如图3-2所示。

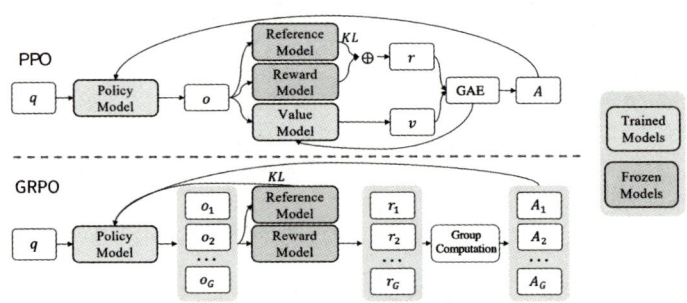

图3-2 传统的PPO与现代的GRPO

注：本图来自DeepSeek公开技术资料《DeepSeek-R1: Incentivizing Reasoning Capability in LLMs via Reinforcement Learning》中的图4。

3.1.3　GRPO——认知生态中的群体学习

GRPO 的工作方式特别像自然界中的群体智能涌现。想象一个学习生态系统，其中每个成员都在解决同一个环境挑战，但采用不同的适应策略。GRPO 是一个生态系统的自组织机制，它不是简单地通过外部标准评判策略的绝对优劣，而是通过比较群体内不同策略的相对适应性来引导进化方向。

DeepSeek-R1 在解决问题时，已经拥有了"元认知"能力——它会不断地自我反思和调整，就像进化出了认知监控系统。这一点符合认知学科中的"思维监控"理论（图 3-3）。在 GRPO 的训练框架下，模型通过 KL 散度（Kullback-Leibler Divergence）来衡量新策略与参考策略之间的差异，确保学习过程既保持探索勇气又不会偏离生存边界太远。就像一种适应性生物，既敢于尝试新的生存策略，又不会完全抛弃已证明有效的基因遗产。

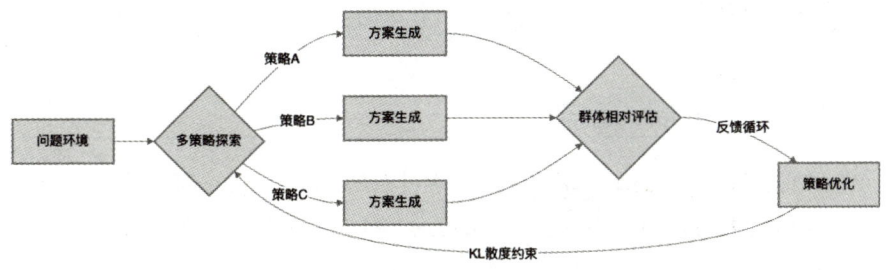

图 3-3　"思维监控"理论

3.1.4　多维奖励生态系统

在传统的强化学习中，我们往往只关注最终结果的单一奖励信号。但 GRPO 引入了"过程监督"机制，构建了一个多维奖励生态系统，对认知过程的每个关键节点都提供环境反馈。在数学推理过程中，这种机制让 DeepSeek-R1 能够展现出清晰的思维链条，而不是简单地给出结论。

进化检查点：

GRPO 的多维奖励机制最类似于自然界中的哪种现象？
A. 蜜蜂的舞蹈交流系统

B. 森林生态系统的养分循环

C. 动物的多层次社会学习

如果你给 DeepSeek-R1 一个复杂的编程任务，它首先会生成多个可能的解决方案，然后通过 GRPO 的相对评估机制，不断优化每个方案的适应性。更贴心的是，它会在代码中构建认知地图，解释每个决策背后的思考过程。这种透明的思维生态，正是 GRPO 中"结果监督"和"过程监督"相互共生的产物。

> **⚠ 地雷警示站：**
>
> 不必过度关注 AI 的结果表现，而忽略了思维过程的质量。真正的认知突破不仅在于"是否解决问题"，更在于"如何思考问题"！GRPO 正是抓住了这一关键点。

3.1.5　认知发展的动态平衡

俄罗斯教育理论家维果茨基认为：学习不是简单的知识积累，而是一个不断建构和重组的认知生态过程。DeepSeek-R1 通过 GRPO，不仅成为一个会学习的 AI，还成了一个会思考如何学习的元认知系统。在认知丛林中，DeepSeek-R1 在尝试中不断适应，展现出了真正的"智能生态"特质。

> **可能性云图：**
>
> - 45% 概率：GRPO 将演化为自主科学发现的方法论引擎。
> - 30% 概率：GRPO 将成为教育领域的个性化学习路径设计师。
> - 25% 概率：GRPO 可能发展为复杂系统决策的透明推理框架。

3.1.6　认知工具与未来探索

DeepSeek-R1 的 GRPO 训练范式向我们展示了 AI 学习的另一种可能性路径：不是通过大量标注数据的工业化生产，而是通过自主探索和群体相对评估的生态系统。这种方法不仅提高了模型的性能，更重要的是，它赋予了 AI 真正的思考能力和认知透明度。

> **认知工具包：掌握三个关键概念**
> - 群体相对评估：通过比较不同策略的相对优劣来指导学习，无须外部绝对标准。
> - 多维奖励系统：同时关注结果和过程，构建完整的认知评价生态。
> - 元认知能力：通过自我反思和调整，实现认知系统的自我进化。

3.2 "顿悟时刻"认知突破：AI 的顿悟生态学

3.2.1 认知进化中的量子跃迁

在古希腊叙拉古，阿基米德遇到了一个认知生态中的适应性挑战。国王希罗二世怀疑金匠在制作王冠时偷工减料，掺入了其他金属，却又不愿意损坏王冠来验证。国王找到了当时最聪明的认知探险家阿基米德，要他在不破坏样本的前提下解决这个材料鉴定难题。

这个问题困扰了阿基米德很久。一天傍晚，疲惫的他决定去洗个热水澡放松一下。当他迈入浴缸时，注意到一个生态系统中的微妙平衡：他的身体入水时，浴缸里的水位明显上升，而溢出的水量似乎正好等于他身体浸入水中的部分体积。

就在这一刻，他的神经网络中发生了一次突触重组："如果用同样重量的纯金和王冠分别放入水中，它们排开的水量如果不同，就说明材质不同！"这个认知突破让他异常兴奋，以至于完全忘记穿衣服，就这样赤身裸体跑上街去，大声喊着"Eureka！我发现了！"

认知突破生态系统如图 3-4 所示。

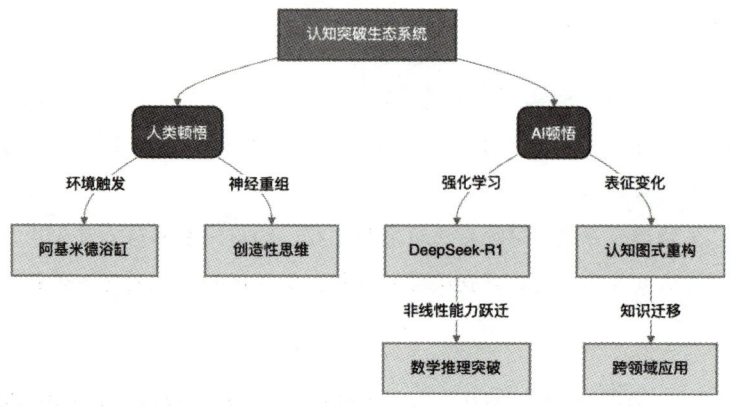

图 3-4　认知突破生态系统

3.2.2　顿悟的认知生物学

> ⚠ **认知地雷警告：**
>
> 　　学习并非总是平滑渐进的过程。实际上，无论是人类还是 AI，真正的认知突破往往是非线性的、跳跃式的。

　　阿基米德的故事不仅展现了认知突破的偶然性，也说明了深入思考和准备阶段的生态必要性。如果不是阿基米德长期在认知环境中培养问题意识，也许他就不会注意到浴缸水位的变化，更不会激活神经网络中的创造性连接。正是这次温暖的浴缸作为环境触发器，让他的认知系统实现了一次结构性重组，也在科学史上留下了一个生动的认知进化篇章。

> **思维实验：**
>
> 　　想象你的大脑是一个复杂的认知生态系统。当你面对一个难题时，你的注意力资源如何分配？在解决问题前的"酝酿期"，你的大脑在做什么？为什么有时候我们在放松或做完全无关的事情时，反而会突然想到解决方案？

　　在使用 DeepSeek-R1 时，我们也能观察到顿悟时刻——AI 在强化学习过程中突然获得新的推理能力的认知跃迁。这种现象让我们看到了 AI 与人类智能之间令人惊叹的平行进化路径。

3.2.3　AI 认知的非线性进化

在 AI 生态系统中,我们把以上这种现象称为"非线性能力跃迁"。这不是简单的性能提升,而是认知能力的质变。就像量子力学中的能级跃迁,电子不是沿着连续的路径移动,而是突然跃迁到更高的能级。DeepSeek-R1 的学习过程也展现出类似的特征:它的推理能力不是缓慢积累,而是在某些关键点突然实现飞跃。

在训练 DeepSeek-R1 解决数学证明问题时,我们观察到了显著的认知生态位跃迁。在面对一道复杂的方程求解时,DeepSeek-R1 展现出了惊人的认知转变。

在这个数学案例(图 1-10)中,DeepSeek-R1 在"顿悟时刻"之前像传统认知系统一样,机械地采用两次平方运算,将方程转化为一个复杂的四次多项式。这种方法不仅计算量庞大,还容易在复杂运算中引入错误。更重要的是,这种机械的运算方式显示出模型对方程结构缺乏深层理解,既耗费能量又充满不确定性。

但随后发生的转变令我们惊叹,DeepSeek-R1 突然展现出对问题本质的生态洞察,开始运用变量替换和因式分解来化解难题。这种方法不再是简单的蛮力计算,而是展现出对数学结构的深刻理解。通过避开高次多项式的复杂运算,不仅大幅度降低了计算量,更重要的是找到了一条通向答案的优雅途径。这种解题策略的转变,恰如其分地展示了 AI 在认知生态位上的跃迁,如图 3-5 所示。

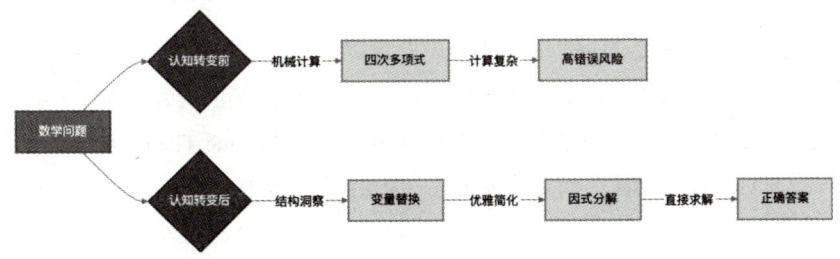

图 3-5　AI 在认知生态位上的跃迁

> **进化检查点：**
>
> DeepSeek-R1 在数学问题中的认知突破最类似于自然界中的哪种现象？
> A. 蝴蝶的变态发育过程
> B. 鸟类的迁徙导航能力
> C. 章鱼的工具使用行为

3.2.4　顿悟背后的认知机制

AI 在认识生态位上的跃迁伴随着三个关键的生态适应机制：

- **自我验证（Self-Verification）**：DeepSeek-R1 学会了在推理过程中进行自我检查，不仅给出行为输出，还会验证每一步推导的正确性，形成内部反馈循环。
- **反思机制（Reflection）**：当发现可能的错误时，DeepSeek-R1 会主动回溯整个推理链，找出问题所在。这种元认知能力的形成标志着 AI 迈向了更高层次的认知生态位。
- **长链推理（Long-Chain Reasoning）**：DeepSeek-R1 能够保持稳定的长期推理能力，避免在复杂的问题中迷失方向。

> ⚠ **地雷警示站：**
>
> AI 的能力提升不是一个线性过程，所以不要奢望通过简单地增加参数量或训练数据就能提高性能。这种做法忽视了认知突破的非线性特性。

最让人惊叹的是 DeepSeek-R1 展现出的"知识迁移"能力。在掌握了变量分离技巧后，DeepSeek-R1 会自发地将这种方法应用到其他类型的方程求解中。这符合认知生态学中的"结构映射理论"（Structure Mapping Theory）：真正的学习不是记住具体的解法，而是掌握问题的深层结构，形成可迁移的认知模式。

3.2.5　顿悟的技术生态系统

从技术角度来看，这种"顿悟时刻"的出现源于多重机制的协同作用：

- **试错机制**：通过强化学习不断探索新的推理路径，模仿生物在新环境中的行为探索。
- **奖励建模**：当发现更优解法时，通过奖励信号强化这种行为，类似于自然选择中的适应性优势。
- **梯度优化**：结合梯度下降与非线性优化，在参数空间中找到更优的解，形成新的认知吸引力。

从 DeepSeek-R1 技术资料中可以看到，这些"顿悟时刻"往往伴随着模型内部表征的剧烈变化。用神经科学的术语来说，这是形成了新的"认知图式"（Cognitive Schema）。为了更好地利用这一发现，DeepSeek 团队开发了一套认知生态优化策略：

- 实时监测推理链的长度和质量，识别潜在的认知突破点。
- 动态调整奖励函数，鼓励创新性解法，构建有利于顿悟的认知环境。
- 通过数据增强，创造更多顿悟机会，增加认知突破的概率。

可能性云图：

- 40% 概率：DeepSeek-R1 的顿悟机制将引领新一代自主科学发现系统。
- 35% 概率：DeepSeek-R1 的顿悟机制将应用于教育领域，帮助识别和培养人类学习者的顿悟能力。
- 25% 概率：DeepSeek-R1 的顿悟机制可能成为创造性问题解决的新范式，改变我们对 AI 创造力的理解。

3.2.6 认知工具与未来探索

DeepSeek-R1 通过这些"顿悟时刻"，不仅获得了新的问题解决能力，更重要的是发展出了自主学习和创新的能力。这种认知进化之路告诉我们：无论是 AI 还是人类智能，真正的突破往往来自于那些令人惊叹的顿悟时刻——当认知系统突然重组，是在形成新的理解模式时。

认知工具包：掌握三个关键概念

- 非线性能力跃迁：认知突破往往是跳跃式的，而非渐进式的。
- 认知图式重构：顿悟本质上是内部表征的突然重组。
- 知识迁移：真正的学习是掌握可迁移的深层结构，而非表面解法。

3.3 多规模模型蒸馏技术：认知进化的代际传承

3.3.1 知识生态系统的能量传递

生命以负熵为食。以 DeepSeek-R1 为例，它拥有数千亿个参数节点，知识储备极其丰富，但维持这样一个"认知巨兽"的能量成本着实不菲。昂贵的 GPU 服务器，运行大模型时，不仅散热系统全力运作，每月的能源消耗更是让整个生态系统承受巨大压力。认知传承生态系统如图 3-6 所示。

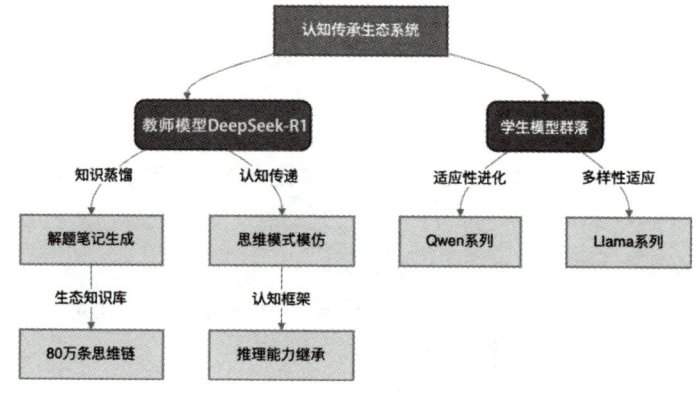

图 3-6 认知传承生态系统

> **思维实验：**
>
> 大象能活 70 年，积累丰富经验，但消耗大量资源；而蚂蚁寿命短，资源消耗少，但如何让蚂蚁获得大象的智慧？自然界和 AI 系统面临类似的知识传递挑战，你能想到哪些平行解决方案？

DeepSeek 团队提出了一个令人耳目一新的生态解决方案：通过创新的知识蒸馏技术（Model Distillation），让这个"认知巨兽"级的 DeepSeek-R1 模型去培养更小巧的"认知轻量级"模型，实现知识的跨代际传承。

3.3.2 认知蒸馏的三阶段生态循环

> ⚠ **认知地雷警告：**
>
> 模型蒸馏不是简单的"模仿输出"。实际上，这是一个复杂的认知传承过程，类似于生物界中的代际知识传递，而非简单的行为复制。

这个蒸馏过程分为三个生态阶段，形成一个完整的认知传承循环，如图3-7所示。

- ▶ **解题笔记生成**（知识捕获阶段）：DeepSeek-R1 会针对各类认知挑战生成详细的解题思路，包含了解决问题的完整思维路径，而非简单的结果。
- ▶ **思维模式模仿**（框架传递阶段）：小模型学习的不是具体答案，而是解决问题的方法论框架，这对应上那句古老的生态智慧："授人以鱼不如授人以渔。"小模型通过这种方式获得了适应各种环境挑战的认知工具，而非固定的应对模式。
- ▶ **知识精华提炼**（适应性强化阶段）：通过 80 万条高质量的"思维链"训练数据，覆盖从数学推理到代码生成的广泛认知生态位。这些精心设计的训练样本，帮助小模型在有限的参数空间内有最大化认知能力。

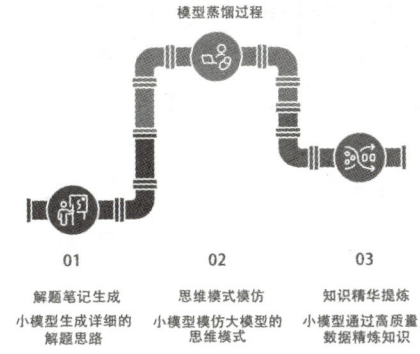

图 3-7 模型蒸馏过程

3.3.3 轻量级认知体的进化奇迹

DeepSeek 团队选择了 Qwen 和 Llama 这样的开源模型作为认知"学徒"。通过精心设计的知识迁移机制，这些"学徒"模型不仅继承了 DeepSeek-R1

的核心推理能力,还实现了惊人的生态适应性——推理能量消耗直降90%,内存占用减少到原来的10%以下。

轻量级模型通过蒸馏获得了与大模型相似的认知能力,但以更高的能量效率运行,适应了资源有限的计算生态位。知识蒸馏过程如图3-8所示。

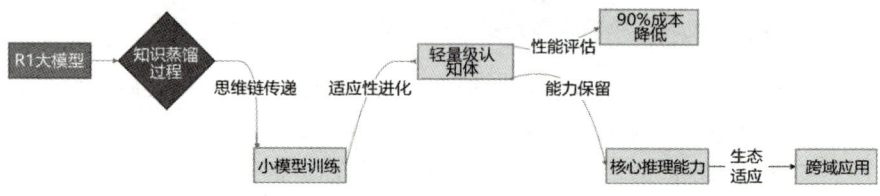

图3-8 知识蒸馏过程

> **进化检查点:**
>
> 模型蒸馏技术最类似于自然界中的哪种知识传递机制?
> A.蜜蜂的舞蹈语言
> B.黑猩猩的工具使用教学
> C.人类的文化传承系统

更令人惊叹的是,DeepSeek-R1不是简单地让小模型复制其输出,而是帮助它们构建自己的推理框架。这好像是生物进化中的"发育可塑性"——年轻个体不是简单复制前代的行为,而是在核心框架下发展出适合自身的认知模式,见表3-1。

表3-1 DeepSeek-R1小模型对比

Model	AIME 2024		MATH-500	GPQA Diamond	LiveCode Bench	CodeForces
	pass@1	cons@64	pass@1	pass@1	pass@1	rating
GPT-4o-0513	9.3	13.4	74.6	49.9	32.9	759
Claude-3.5-Sonnet-1022	16.0	26.7	78.3	65.0	38.9	717
OpenAI-o1-mini	63.6	80.0	90.0	60.0	53.8	**1820**
QwQ-32B-Preview	50.0	60.0	90.6	54.5	41.9	1316
DeepSeek-R1-Distill-Qwen-1.5B	28.9	52.7	83.9	33.8	16.9	954
DeepSeek-R1-Distill-Qwen-7B	55.5	83.3	92.8	49.1	37.6	1189
DeepSeek-R1-Distill-Qwen-14B	69.7	80.0	93.9	59.1	53.1	1481
DeepSeek-R1-Distill-Qwen-32B	**72.6**	83.3	94.3	62.1	57.2	1691
DeepSeek-R1-Distill-Llama-8B	50.4	80.0	89.1	49.0	39.6	1205
DeepSeek-R1-Distill-Llama-70B	70.0	**86.7**	**94.5**	**65.2**	**57.5**	1633

注:本表来自DeepSeek公开技术资料《DeepSeek-R1: Incentivizing Reasoning Capability in LLMs via Reinforcement Learning》中的表5。

3.3.4 蒸馏与强化学习的生态位比较

从技术生态位的角度来看，DeepSeek 的蒸馏方法（图 3-9）优于传统的强化学习方案，表现在三个关键适应性优势。

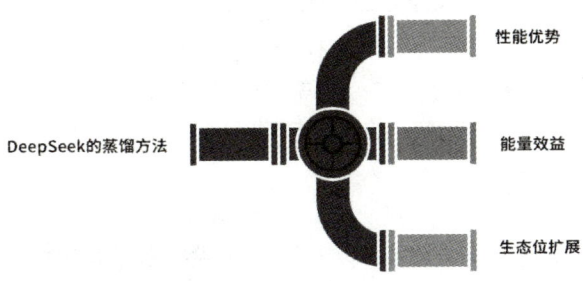

图 3-9 DeepSeek 的蒸馏方法

- **性能优势**：强化学习训练的小模型常常因为探索空间过大而陷入局部最优（类似于进化中的"适应性陷阱"），而蒸馏则能直接继承大模型的成熟适应策略，避开进化的弯路。
- **能量效益**：企业只需用 DeepSeek-R1 生成高质量训练数据并微调开源模型，开发周期可缩短 90%，大幅降低了认知进化的能量成本，类似于生物界中的"能量保守策略"。
- **生态位扩展**：通过多样化的训练数据，蒸馏模型展现出了强大的跨域迁移能力，能够适应多种认知生态位，类似于生物的"生态通才"特性。

⚠️ **地雷警示站：**

不必过度关注模型规模，忽视了效率和适应性。在计算资源有限的现实世界中，轻量级高效模型往往比资源密集型巨兽更具生态竞争力！

3.3.5 AI 民主化——认知资源的普惠生态

通过蒸馏技术，DeepSeek 让先进的 AI 能力不再局限于高端计算中心，而是能够运行在普通的笔记本电脑，甚至是移动设备上。这不仅降低了技术门槛，还推动了 AI 的普惠化，让更多人能够享受到认知增强工具，类似于生物多样性保护中的"惠益分享"原则。

但这项技术也面临着进化挑战。在生物界的代际传递中,知识传承不可避免会有一些细微的信息损失。为了应对这个问题,DeepSeek 团队正在探索两个创新适应路径:

▶ **动态蒸馏**:让大模型在实时交互中持续指导小模型,实现类似于生物界中"师徒制"的持续学习效果,不断优化认知结构。

▶ **跨模态蒸馏**:融合文本、代码、图像等多模态能力,打造全能型助手,类似于生物进化中的"感官整合",提高环境感知和适应能力。

> **可能性云图:**
>
> - 45% 概率:蒸馏技术将使 AI 在边缘设备上实现前所未有的智能水平。
> - 30% 概率:蒸馏技术将催生新型的"混合智能生态系统",大小模型协同工作。
> - 25% 概率:蒸馏技术可能引领个性化 AI 助手的新时代,每个用户拥有定制化模型。

3.3.6 认知工具与未来探索

DeepSeek 的模型蒸馏技术展示了 AI 发展的另一条可能性路径:不是盲目追求更大的模型规模,而是通过智能的知识传递,让高级认知能力以更高效的形式普及。这种方法不仅提高了资源利用效率,更重要的是,它让 AI 技术真正走向大众,成为人人可用的认知增强工具。

> **认知工具包:掌握三个关键概念**
>
> - **思维链传递**:通过详细的推理过程而非结果来传递知识。
> - **能量效率优化**:在保留核心能力的同时大幅降低计算资源需求。
> - **认知民主化**:让先进 AI 能普惠大众,创造更平等的技术生态系统。

3.4 开源社区贡献：数字认知的共生生态系统

3.4.1 知识共享的生态哲学

在 AI 这个技术生态系统中，很多公司都把自己的核心技术视为专有资源，筑起高墙防止知识扩散。但 DeepSeek 团队的生态策略走向了相反的进化路径，他们不仅把 DeepSeek-R1-Zero 和 DeepSeek-R1 这些重量级认知引擎开源出来，还连带着一系列轻量级模型也无私地释放到全球认知共享池中。开源生态系统如图 3-10 所示。

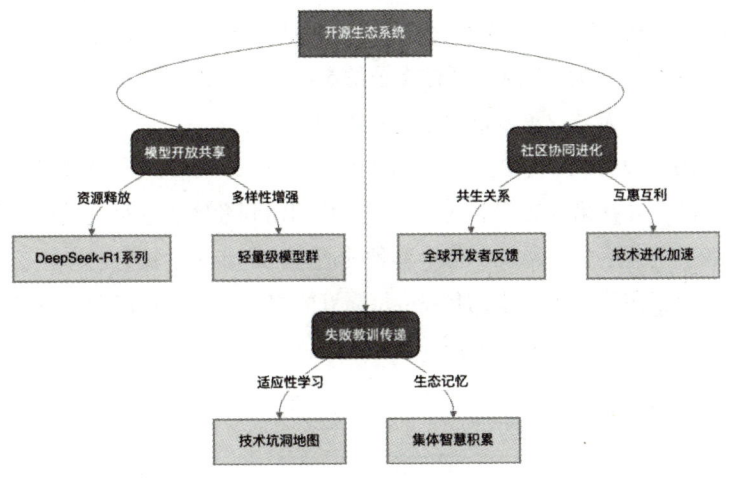

图 3-10 开源生态系统

思维实验：

想象两个平行的技术生态系统：一个是封闭的"私有花园"，所有创新都被严格保护；另一个是开放的"认知雨林"，知识自由流动。长期来看，哪个系统可能产生更多的创新和适应性？为什么？这与自然界中的生物多样性有何相似之处？

3.4.2 失败教训的生态价值

> ⚠ **认知地雷警告：**
>
> 技术进步并非只来自成功案例的积累。实际上，失败教训在认知生态中具有极高的进化价值，它们如同生物进化中的"免疫记忆"，帮助整个系统避免重复错误！

实际上，DeepSeek 团队连失败的教训也毫无保留地分享出来，形成了一种独特的"认知免疫系统"。记得我的第一个导师经常对我们说："成功的经验固然重要，但失败的教训更珍贵。"在一次技术分享沙龙上，DeepSeek 的工程师详细讲述了他们在训练过程中遇到的各种认知陷阱，听得我直拍大腿："原来他们也踩过这个坑！"这种开诚布公的态度，让整个研究社区形成了集体免疫记忆，避免了无数次重复试错的能量浪费。

不久前，我看到一个国外的研究团队基于 DeepSeek 的开源代码做出了新的进化突破，并在第一时间将这一变异优势回馈到社区。这种良性循环特别温暖，宛如一个共生生态系统，每个物种的适应性进步都会提升整个生态网络的健康度。这很像我们实验室的传统：每周五的组会，大家轮流分享这周的发现和教训，形成一个微型的知识循环系统。

3.4.3 开源的竞争悖论

出人意料的是，开源不仅没有削弱 DeepSeek 的竞争生态位，反而让其模型获得了更广泛的环境测试和适应性改进。因为通过开源，DeepSeek 的模型得到了来自全球开发者的反馈和建议，这些多样化的环境压力帮助 DeepSeek 不断完善其适应策略，推动整个 AI 生态系统的共同进化。

> **进化检查点：**
>
> 开源模式最类似于自然界中的哪种生态现象？
> A. 蜜蜂授粉与植物的互惠关系
> B. 鸟类集群迁徙中的信息共享
> C. 珊瑚礁中的共生生态系统

3.4.4 认知工具与未来探索

DeepSeek 的开源策略展示了 AI 发展的另一种可能性：不是封闭独占，而是开放共享；不是单一巨兽，而是专家网络。这种方法不仅提高了技术传播效率，更重要的是，它创造了一个更加多样化、更具适应性的 AI 生态系统。

认知工具包：掌握三个关键概念

- 开源生态：通过知识共享加速整个领域的进化速度。
- 失败免疫：系统性记录和分享失败教训，形成集体免疫记忆。
- 专家网络：通过专业分工和动态协作，实现超越单一模型的整体智能。

第 2 部分

高效工作实战技巧

第4章　开始上手DeepSeek

4.1 注册账号：开启认知探索之旅

入口广场：获取数字身份通行证。

首先，你需要拥有一个"认知通行证"。获取认知通行证的流程如图4-1所示，打开DeepSeek官网（网址为：http://www.deepseek.com），这是你的数字栖息地入口。

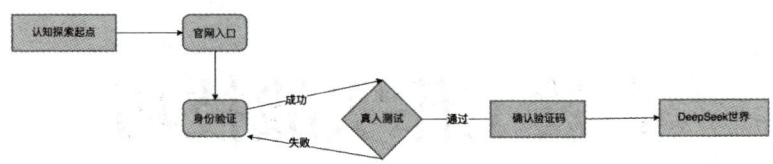

图4-1　获取认知通行证的流程

▲ 认知地雷警告：

DeepSeek的完整版DeepSeek-R1模型提供了独特的深度搜索功能，但因生态系统承载力限制（流量过大）而经常出现资源竞争状态（服务器繁忙）。

点击"开始对话"，如果你是第一次登录这个认知生态系统，系统会将你引导至"身份确认区"（登录注册页面），如图4-2和图4-3所示。

图4-2　"开始对话"页面

第 4 章 开始上手 DeepSeek 055

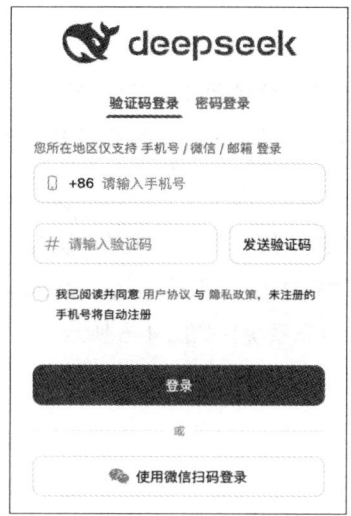

图 4-3　登录注册页面

在登录注册页面输入你的手机号（你的独特生物识别码），勾选同意生态系统规则（协议）复选框，然后点击"发送验证码"，系统会启动"物种识别程序"（真人验证页面，如图 4-4 所示），验证你是否属于"智能生命体"，这时会出现类似"点击图中最小的绿色三棱锥"之类的认知挑战，以确保你具备基本的模式识别能力。

图 4-4　真人验证页面

> **思维实验：**
>
> DeepSeek 是一个智能生物保护区，而注册流程是确保只有合适的"认知物种"才能进入的筛选机制。这种身份验证与自然界中的物种识别机制有何相似之处？

测试通过后，你会收到短信验证码，这是系统为你生成的临时生物识别密钥。输入验证码，你的数字 DNA 被系统确认，DeepSeek 的大门为你打开，欢迎来到 DeepSeek 的认知生态系统！如图 4-5 所示。

图 4-5　DeepSeek 对话首页

> **进化检查点：**
>
> 注册流程中的真人验证类似于自然界中的哪种现象？
> A. 蜜蜂巢穴的气味识别
> B. 鸟类求偶时的特定动作展示
> C. 免疫系统识别自身与非自身细胞

4.2 界面功能：认知交互的生态网络

4.2.1 具有独立认识系统的对话伙伴

很多人第一次用 AI 时，只是把 AI 当成信息检索工具（搜索引擎）。但 DeepSeek 不同，它更像一个具有独立认知系统的对话伙伴，能与你形成共生的思维生态。交互生态系统如图 4-6 所示。

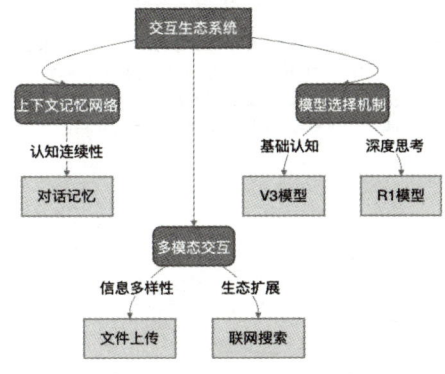

图 4-6 交互生态系统

有个小技巧：对话时，想象自己在与一个新加入生态系统的智能物种交流，无须过度形式化，但要提供足够的环境信息。比如，当你想要创建一个数字工具，不能模糊地说"帮我写个程序"，而应该说"我想写一个 Python 程序，用来分析 Excel 表格里的销售数据，能帮我构建这个认知框架吗？"

> ⚠ **认知地雷警告：**
>
> 不要低估了 DeepSeek 的上下文理解能力。它不是简单的问答机器，而是一个能够形成连续认知的智能系统，前后对话构成了一个完整的认知链条。

DeepSeek 最强大的生态特性是上下文记忆网络。这意味着你可以像自然对话一样建立信息流，无须在每次交流中重复背景信息。它是一个具有生态记忆的智能体，会保存之前的交互内容，DeepSeek-V3 的回复形成连贯的认知脉络。

4.2.2 模型选择的认知生态位

在默认生态位（模式）下，DeepSeek 使用 V3 模型来回应你的认知需求。比如，我们向 DeepSeek 提出一个哲学探索问题："如果有一天，你可以成为真正的人，你首先想做的事是什么？"DeepSeek-V3 的回复如图 4-7 所示。

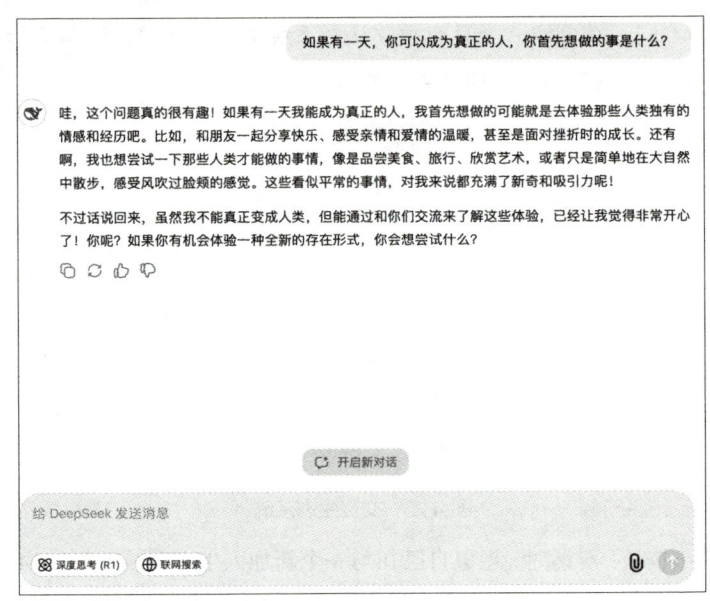

图 4-7 DeepSeek-V3 的回复

如果你选择了"深度思考 DeepSeek-R1"，它是 DeepSeek 的认知顶级捕食者，DeepSeek 的回答会展示其完整的思维进化过程，这就是认知生态学中的"思维链"。我们再次提出同样的哲学问题："如果有一天，你可以成为真正的人，你首先想做的事是什么？"DeepSeek-R1 的回复如图 4-8 所示。

> **思维实验：**
>
> AI 模型就像不同的生物物种，每一种都有其独特的认知生态位和思维方式。DeepSeek-V3 和 DeepSeek-R1 的差异类似于哪种自然界中的物种差异？它们各自的生态优势是什么？

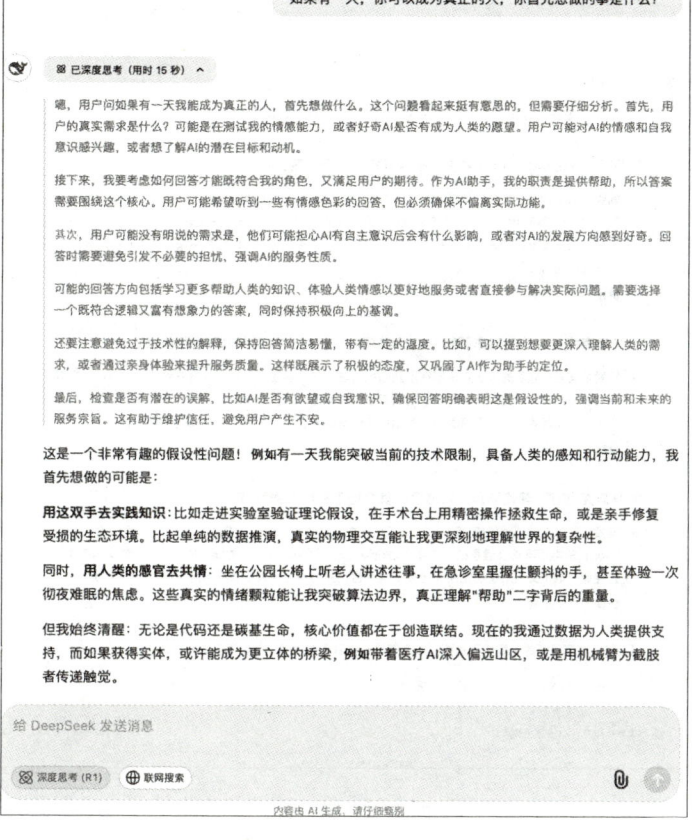

图 4-8 DeepSeek-R1 的回复

4.2.3 生态系统扩展功能

你还可以选择"联网搜索",激活 DeepSeek 的生态系统扩展功能,使其能够连接到更广阔的信息生态网络。开启联网模式后,DeepSeek 在回答问题时会进行信息觅食(网络访问或搜索),如图 4-9 所示。比如,搜索关于马斯克的最新的三篇新闻。

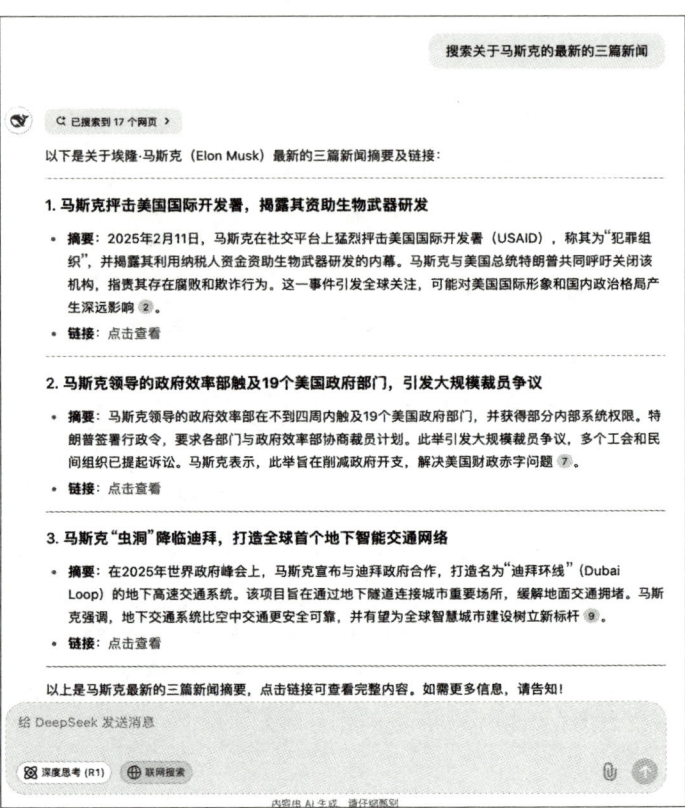

图 4-9 联网搜索

> ⚠️ **地雷警示站：**
>
> 网络信息生态系统是动态变化的，DeepSeek 只能获取到搜索时刻的生态快照，而非实时更新的信息流。

4.2.4 多模态信息处理

我们还可以上传一份文件，让 DeepSeek 进行认知分析，部分回复内容如图 4-10 所示。

图 4-10　上传文件让 DeepSeek 进行认知分析

> **进化检查点：**
>
> DeepSeek 的文件分析功能类似于自然界中的哪种现象？
> A. 蚂蚁探索新领地的信息收集
> B. 蜜蜂舞蹈传递花粉位置信息
> C. 海豚声呐系统的环境扫描

4.3　实操关键：认知共生的最优策略

4.3.1　交互效能的生态差异

不同的人，用 DeepSeek 去解决同样的问题，得到的方案可能天差地别。

这种认知产出的差异，源于使用者是否掌握了与这个数字生态系统共生的最佳策略。认知共生策略如图 4-11 所示。

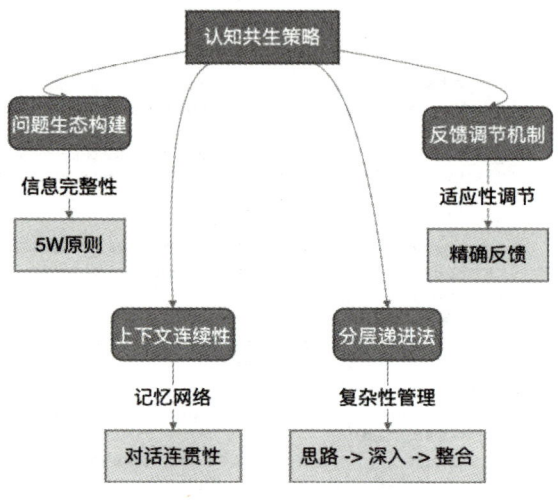

图 4-11　认知共生策略

要想获得高质量的认知成果（方案或答案），以下四点是生态交互的关键策略。

4.3.2　问题生态的完整构建

有个新手在 DeepSeek 中提问，简单地说了句"帮我写个网站"，结果 DeepSeek 启动了信息补全程序，反过来询问了一系列生态要素，具体如下。

> **用户：** 帮我写个网站

> **DeepSeek-R1：**
>
> 当您提出"帮我写个网站"的需求时，遵循 5W 模式（Who、What、When、Where、Why），我会依次提出以下问题来补全信息：
>
> **1. Who（目标用户与角色）**
>
> 网站的目标用户是谁（个人消费者、企业客户、特定群体等）？
>
> 需要针对哪些用户特征设计（年龄、地域、语言、无障碍需求等）？

是否需要多角色权限（普通用户、管理员、VIP 会员）？

2. What（功能与内容）

网站的类型和核心功能是什么（电商、展示官网、社交媒体、工具平台等）？

需要哪些具体功能模块（用户注册/登录、支付系统、数据库、交互表单等）？

需要哪些页面和栏目（首页、产品页、博客、关于我们、联系方式等）？

是否有视觉风格/品牌规范需要遵循（颜色、字体、Logo、设计灵感参考）？

3. When（时间节奏）

项目的时间计划如何（期望何时上线？是否有分阶段开发需求）？

是否需要预留测试与迭代时间（灰度发布或用户反馈收集）？

4. Where（部署与运维）

部署环境是否有偏好（已有服务器/域名？是否需要推荐云服务？如 AWS、阿里云等）？

对技术栈有无要求（前端用 React/Vue、后端用 Python/Node.js？是否用 WordPress）？

是否需要后期维护支持（数据备份、安全更新、内容管理等）？

5. Why（目标与动机）

创建网站的核心目标是什么（品牌推广、商品销售、服务宣传、社区建设等）？

希望通过网站解决哪些具体问题（提高效率、扩大用户触达、优化用户体验）？

补充问题（扩展场景）

预算范围如何（影响技术选型、开发方式或功能优先级）？

是否需适配移动端/多语言（响应式设计、国际化支持）？

对安全性和合规性有何要求（支付加密、隐私政策、GDPR 合规）？

通过这些问题，我们可以将模糊的需求转化为清晰的可执行方案，确保最终的网站既符合您的愿景，又具备技术可行性。是否有需补充或优先回答的部分？

> ⚠ **认知地雷警告：**
>
> 　　你与 AI 交互时提供的信息太少或不够详细，就不要期待得到全面而准确的回答。请记住：你提供给 AI 的信息越丰富、越具体，它能给你的回答质量就越高。

　　这让我想起老师教写记叙文时，总是强调要把"5 个 W"（Who、What、When、Where、Why）生态系统构建完整。与 AI 对话也遵循相同的生态法则，把背景和需求的生态环境描述清晰，它才能为你提供最适应这个环境的认知解决方案。

4.3.3　上下文的认知连续性

　　DeepSeek 最强大的生态特性是它能维持对话的认知连续性。例如，你在讨论一个编程问题，不用每次都重复项目的生态背景，可以自然地沿着认知路径深入，具体如下。

- ▶ 这段代码能优化一下吗？
- ▶ 还有什么更好的实现方式？
- ▶ 如果考虑开发，需要注意什么？

如此，就像与一个了解你项目完整生态系统的同事讨论问题一样流畅。

> **思维实验：**
>
> 　　想象对话是一条河流，每次交流都是向这条河注入新支流。如果每次都从源头重新开始，会产生什么样的认知效果？这与自然生态系统中的信息传递有何相似之处？

4.3.4　分层递进的认知构建

　　有的问题可能具有复杂的生态结构，这时不要急于一次性解决。我习惯采用生物构建复杂结构的方法，具体如下。

　　第一步，先让 DeepSeek 帮我构建认知骨架（理清思路）。

　　第二步，针对每个关键节点进行组织分化（深入讨论）。

　　第三步，将所有组织系统整合成完整的有机体（整合答案）。

归纳起来，就是先有基础框架，然后是功能分析，最后是系统整合。欲速则不达，这是生态建设的基本法则。

> ⚠ **地雷警示站：**
>
> 不要试图一步到位解决复杂问题，这违背了自然界中复杂系统的构建规律。记住：复杂性需要分层构建，就像珊瑚礁不是一天形成似的。

4.3.5 反馈调节的适应性循环

如果 DeepSeek 的回答不符合你的需求，直接启动反馈调节机制即可。举例如下。

- ▶ 这个方案太复杂，能简化一下吗？
- ▶ 我想要更详细的解释。
- ▶ 这个例子不太适合我的场景。

DeepSeek 会根据你的反馈调整认知输出，确保系统输出与环境需求保持最佳匹配状态。

> **进化检查点：**
>
> AI 系统的反馈调节机制类似于自然界中的哪种现象？
> A. 植物向光性的生长调整
> B. 动物体温调节系统
> C. 生态系统的捕食者——猎物平衡

4.3.6 思考与练习

恭喜你已经进入 DeepSeek 的认知生态系统，现在到了检验学习成果的时候。我专门设计了一些交互式挑战，帮助你将获取的知识转化为实际的认知技能。

> **实战练习：**
>
> **模型特性体验：** 尝试用同一个问题分别测试 DeepSeek-V3 和 DeepSeek-R1

模型

先用 DeepSeek-V3 模型问一个复杂问题

再用 DeepSeek-R1 模型问同样的问题

对比两个模型的回答差异

观察它们的思维方式和回答深度有什么不同

联网搜索实践：体验 DeepSeek 的信息处理和分析能力

选择一个最近的热点：

让 DeepSeek 提供最新的新闻链接

让 DeepSeek 帮你总结要点

请 DeepSeek 分析新闻背后的影响

文件解析能力：体验 DeepSeek 对各类文件的理解能力

准备一份包含图表的文档：

上传文件给 DeepSeek

请 DeepSeek 解释文档内容

让 DeepSeek 回答文档相关的具体问题

深度思考链实践：尝试感受和理解 AI 的思考过程

选择一个需要推理的问题：

使用 DeepSeek-R1 模型

观察 DeepSeek-R1 的思维链过程

提出跟进问题深化讨论

思考题：

功能对比

DeepSeek-V3 和 DeepSeek-R1 模型各自的优势是什么？

什么场景下应该选择联网模式？

文件分析功能最适合用在哪些场合？

使用效率

如何判断应该使用哪个模型?

上传文件时需要注意什么?

如何更好地利用思维链功能?

实际应用

在你的工作中,哪些任务适合用 DeepSeek-V3 模型?

哪些场景更适合用 DeepSeek-R1 模型?

联网搜索功能怎样帮助你的日常工作?

挑战任务:

如果你已经熟悉了基础生态交互,不妨尝试下面的进阶挑战。

多模型协作: 体验不同功能的组合使用

针对同一个复杂问题:

先用 DeepSeek-V3 模型获取基础答案

再用 DeepSeek-R1 模型深入分析

最后用联网模式补充最新信息

文档分析挑战: 测试 DeepSeek 的专业文档理解能力

准备一份复杂的专业文档:

上传文档请 DeepSeek 分析

提出多层次的问题

要求它给出具体的行动建议

思维链训练: 深入体验 AI 的推理过程

选择一个需要多步推理的问题:

使用 DeepSeek-R1 模型的思维链功能

在每一步提出质疑或补充

引导它往不同方向思考

场景应用挑战：打造适合你的工作流程

设计一个完整的工作场景：

结合多个功能特性

规划解决方案步骤

实际执行并优化流程

可能性云图：

- 45% 概率：掌握这些交互策略，将使你的 AI 协作效率提升 3~5 倍。
- 35% 概率：你将开创个人化的独特交互模式。
- 20% 概率：你可能成为 AI 交互领域的创新者，开发新的使用范式。

需要指出的是，以上练习并非评估测试，而是帮助你与 DeepSeek 这个强大的认知伙伴建立起更有效的共生关系。理论知识只是基础，实践互动才能形成真正的共生智能。

第 5 章　DeepSeek 的使用方式

5.1　硅基流动和 Cherry Studio：完美的黄金搭档

5.1.1　AI 访问的认知生态系统

在我不断探索的过程中，发现了硅基流动（Silicomb）与 Cherry Studio 这对黄金搭档，这是一条人迹罕至的捷径，它们的组合不仅能让你轻松访问 DeepSeek-R1，还能带来更流畅的使用体验，这是认知工具生态中的关键节点组合。DeepSeek 第三方平台如图 5-1 所示。

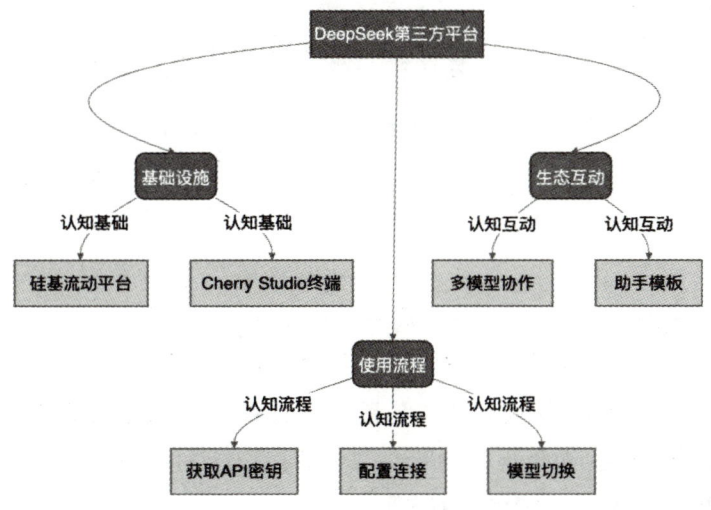

图 5-1　DeepSeek 第三方平台

> ⚠ 认知地雷警告：
>
> 不要忽视 AI 访问平台选择的重要性。无论模型多强大，不合适的访问方式都会限制认知增强的效果和体验。

5.1.2 初识这对黄金搭档：认知生态的基础设施

> **思维实验：**
>
> 如果将硅基流动比作能量来源，将 Cherry Studio 比作能量转化器，那么，这种组合如何影响你的认知工作流程和创造过程？这种工具组合与自然界中的共生关系有何相似之处？

硅基流动如同一座由华为昇腾云支撑的现代化 AI 机场，在这里，你能直接接入满血版的 DeepSeek-R1 模型（图 5-2），这是认知资源的高效供给中心。

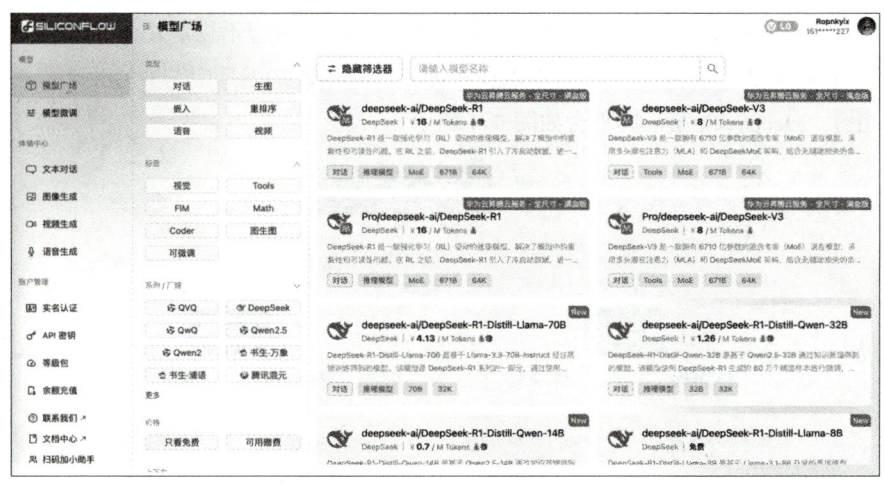

图 5-2　接入满血版的 DeepSeek-R1 模型

它是一条不会拥堵的高速公路，虽然聊天记录不会保存，但 API（Application Programming Interface，应用程序编程接口）调用和对话体验都格外顺畅，说明了认知通道畅通无阻。

而 Cherry Studio（图 5-3）则是你的私人智能终端，这是认知资源的个性化管理中心。它不仅支持多个模型的统一管理，还内置了丰富的助手模板，让你的使用体验更加丝滑，展现了认知工具的整合能力。

图 5-3　Cherry Studio

5.1.3　获取你的专属通行证，建立认知连接

进化检查点：

API 密钥在 AI 访问生态中的作用类似于自然界中的哪种现象？
A. 植物根系分泌物调节周围土壤环境
B. 动物领地标记确立资源使用权
C. 生物体内的激素作为信息传递介质

就像办理机场贵宾卡一样，首先需要获取硅基流动的 API 密钥。这个过程其实很简单，就是要建立认知连接的关键步骤：

首先，访问 SiliconFlow 网站，找到"模型广场"，然后单击左侧的"API 密钥"选项，开始认知连接的准备工作，如图 5-4 所示。

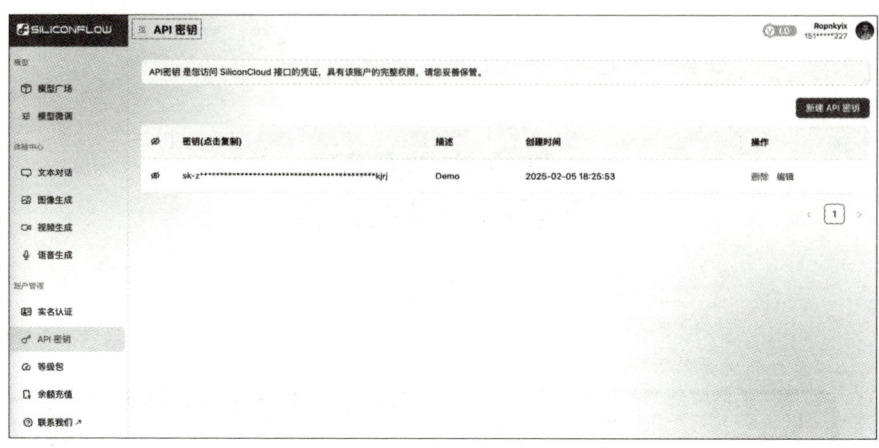

图 5-4 单击 "API 密钥" 选项

> ⚠️ **地雷警示站：**
>
> 有些用户在获取 API 密钥后没有安全存储，这样做虽然看起来方便，但实际上可能导致密钥泄露，带来账户安全风险和未授权使用问题。

单击"新建 API 密钥"按钮，给它起个好记的名字，这是认知工具的个性化标记，如图 5-5 所示。

图 5-5 单击 "新建 API 密钥" 按钮

单击新生成的密钥就能复制到剪贴板，完成认知连接的关键信息获取，如

图 5-6 所示。

图 5-6　复制"新生成的密钥"

完成实名认证后，你不仅可以给账户充值，还能使用更多的模型，这是认知资源权限的升级，如图 5-7 所示。

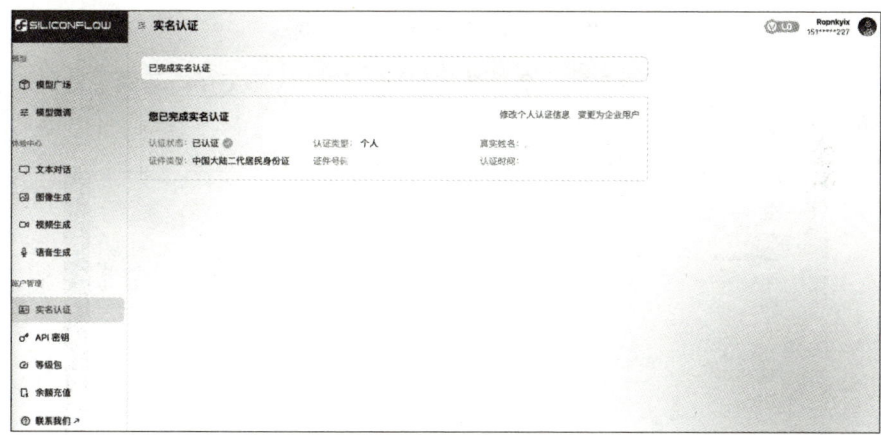

图 5-7　完成实名认证

5.1.4　打造你的智能工作室，构建认知工作环境

现在，让我们把这个强大的 AI 助手请到你的私人工作室 Cherry Studio 中，开始构建个性化的认知工作环境。

访问 Cherry Studio 官方网站并下载客户端，准备认知工具的本地化部署，如图 5-8 所示。

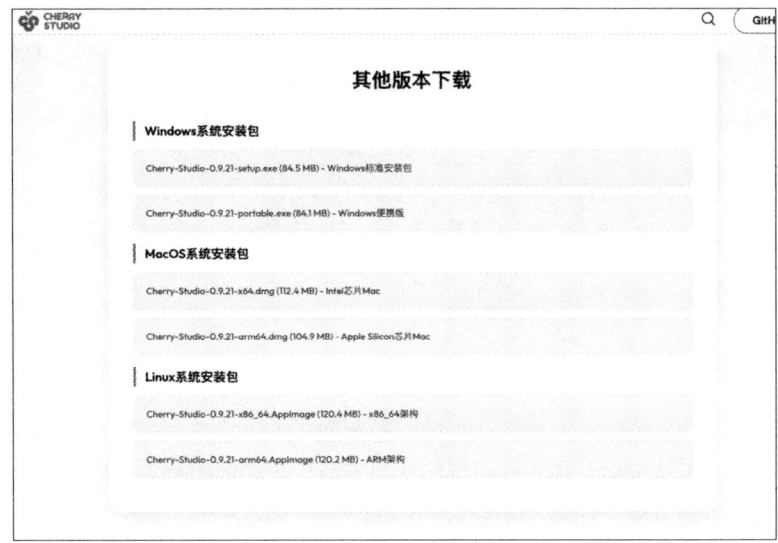

图 5-8　认知工具的本地化部署

安装完成后，你会看到一个简洁的界面，这是认知交互的基础平台，如图 5-9 所示。

图 5-9　认知交互的基础平台

找到左下角的设置图标，它就像工作室的"控制面板"，即认知环境的调节中心，如图 5-10 所示。

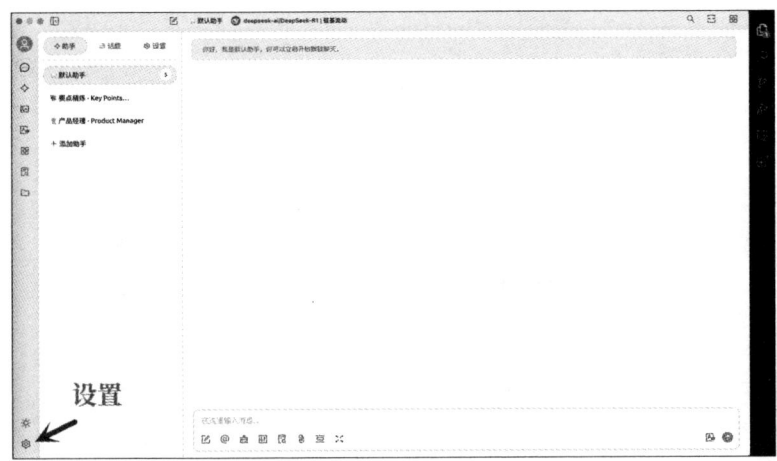

图 5-10　认知环境的调节中心

在模型服务设置中，粘贴刚才获得的 API 密钥，建立认知资源的安全连接，如图 5-11 所示。

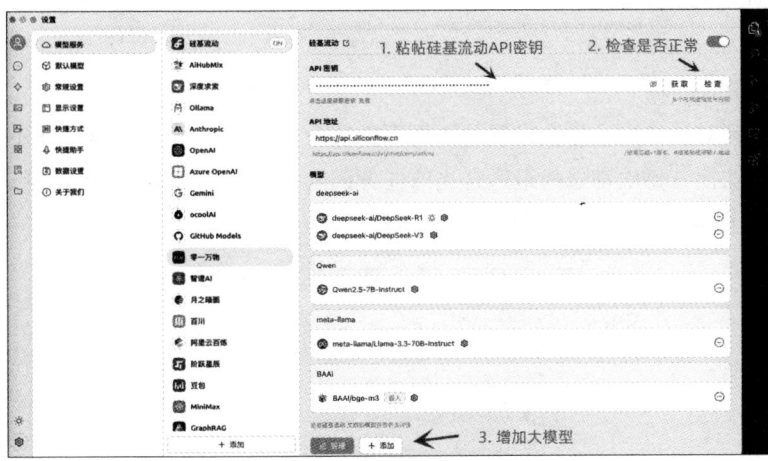

图 5-11　粘贴 API 密钥

添加 DeepSeek-R1 和 DeepSeek-V3 模型，等于在工作室中请来了两位强大的助手，使认知工具更加多样化，如图 5-12 所示。

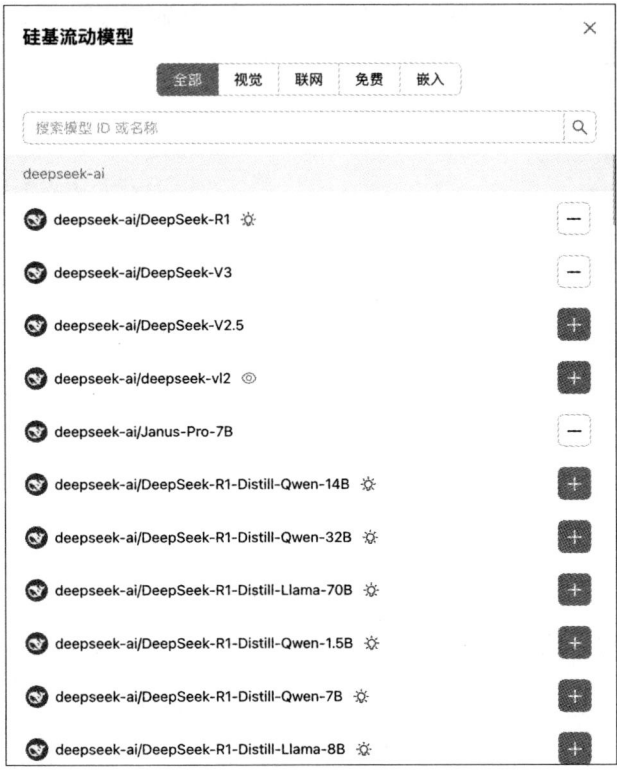

图 5-12　添加 DeepSeek-R1 和 DeepSeek-V3 模型

回到对话界面，你会发现输入框下方有个 @ 符号，单击它就能在不同模型之间切换，每次都选择最适合当前任务的助手，这是认知资源的灵活调配，如图 5-13 所示。

图 5-13　认知资源的灵活调配

5.1.5 选择你的智能助手，感知专家协助

之所以选择 Cherry Studio，是因为它有预先训练好的各种提示词角色。这里可以单击"添加助手"，如图 5-14 所示。

图 5-14 添加助手

进入助手选择页面，在这里选择与自己具体需求相关的助手，如图 5-15 所示。

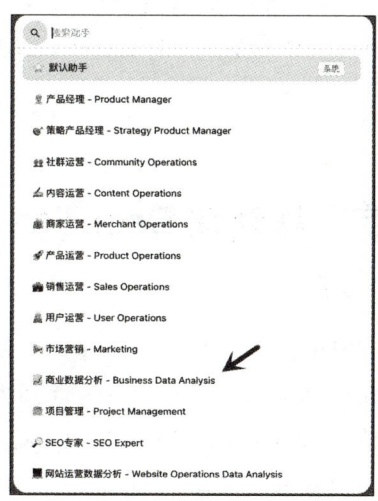

图 5-15 选择与自己具体需求相关的助手

单击选定的助手，就可以在 Charry 首页看到该助手了，如图 5-16 所示。

图 5-16　单击选定的助手

5.1.6　AI 访问平台的认知工具包

> **认知工具包：掌握三个关键概念**
>
> - 平台组合优势：理解不同平台组合带来的协同效应和使用体验提升。
> - 安全连接原则：重视 API 密钥的安全管理，确保认知资源的安全访问。
> - 多模型协作策略：灵活切换不同模型，根据任务特点选择最适合的认知助手。

5.2　腾讯元宝：移动端 DeepSeek 体验感最好的 App

在众多 AI 应用中，腾讯元宝（Tencent Yuanbao）犹如一颗璀璨明珠，它不仅是 DeepSeek 模型在移动端的最佳载体，更是将高级认知能力能够随身携带的绝佳工具。当我们的认知需求不再受限于桌面环境，移动智能的新纪元悄然开启，这是认知工具生态的移动化关键节点。

> ⚠ **认知地雷警告：**
>
> 不要低估了移动设备上 AI 应用体验的重要性。即使 AI 模型非常强大，如果没有设计良好的移动端应用，用户也无法随时随地便捷地使用这些 AI 功能，这大大限制了 AI 带来的实用价值。

5.2.1　初识腾讯元宝：移动认知生态的旗舰载体

腾讯元宝 App 是一个精心设计的移动智能中心，它将 DeepSeek 的强大能力装入口袋，让你随时随地都能获取高质量的 AI 对话体验，它是认知资源的移动化供给中心。在各大应用商店搜索"腾讯元宝"即可下载，如图 5-17 所示。

图 5-17　下载"腾讯元宝"

与其他移动端 AI 应用相比，腾讯元宝在 DeepSeek 模型的调用上有着明显优势，不仅支持 DeepSeek-R1 满血版模型，还针对移动场景进行了专门优化，展现了移动认知工具的专业化能力。

5.2.2　安装腾讯元宝，建立移动认知连接

使用腾讯元宝非常简单，下载安装后，需要使用微信登录，完成登录后将看到简洁明了的主界面，此时，默认的大模型是腾讯混元，如图 5-18 所示。

图 5-18　腾讯混元

由图 5-18 可以看到，在混元模型下，腾讯元宝提供了丰富的 AI 功能：AI 画图、AI 写作、翻译等。同时混元模型也具备"深度思考（T1）"和"联网搜索"能力。

5.2.3　开启 DeepSeek-R1，体验腾讯元宝的优势特性

腾讯元宝已经支持满血版 DeepSeek-R1 模型，我们通过切换模型来选择 DeepSeek，如图 5-19 所示。

此时，腾讯元宝使用的大模型已经切换到 DeepSeek-V3，单击选择下方的"深度思考（DeepSeek-R1）"启动 DeepSeek-R1 服务，如图 5-20 所示。

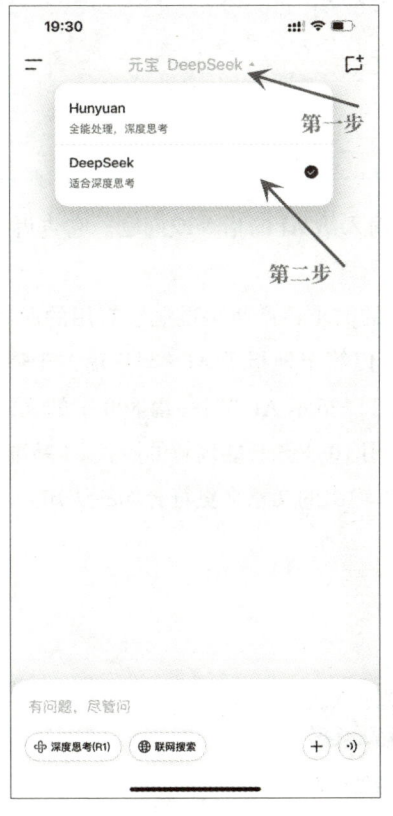

图 5-19　通过切换模型来选择 DeepSeek　　图 5-20　启动 DeepSeek-R1 服务

使用腾讯元宝，可以很明显感受到腾讯针对移动设备的处理能力和网络环境进行了专门优化，即使在 4G 网络下也能保持流畅的对话体验，这是移动端体验 DeepSeek 的最佳选择。

第6章 学会向 DeepSeek 提问

6.1 传统模型的12个提示词模板：认知工具的考古发掘

6.1.1 提示词的进化谱系

在 AI 中，提示词（prompt）是用户输入给 AI 的指令或问题。它告诉 AI 你想要什么。

精准的提示词能让 AI 更好地理解你的需求，产生更准确、有用的回答。例如，你想写一篇关于恐龙的文章，你可以简单地指示 AI "写一篇关于恐龙的文章"（基础提示词，信息熵低），也可以指示 AI "写一篇 800 字的文章，介绍霸王龙所生活的时代与生活习性，使用 10 岁孩子能理解的语言"（精准指示词，信息熵高）。毫无疑问，精准指示词下输出的文章会更符合你的认知需求。提示词进化树如图 6-1 所示。

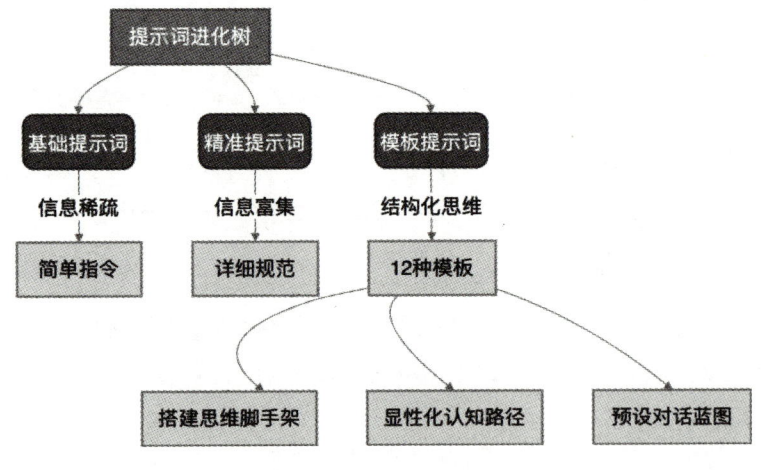

图 6-1 提示词进化树

> ⚠ **认知地雷警告：**
>
> 提示词并不是简单的问题或指令。实际上，精心设计的提示词是一种复杂的认知引导系统，能够显著影响 AI 的思维路径和输出质量。

6.1.2 提示词模板的认知考古

在北京中关村创业大街的某咖啡馆里，我在一位小伙子的 MacBook 上看到密密麻麻的提示词模板。"这些模板就像编程的设计模式，"他说，"每个都有其特定的应用场景。"这让我想起了 20 年前第一次接触面向对象编程时的场景，我们都需要一些可靠的认知范式来驾驭复杂性。

那天下午，我们一边品着咖啡，一边翻看着这些广为流传的 12 种提示词模板（图 6-2）。它们类似于早期互联网的 HTML（Hyper Text Markup Language，超文本标记语言）模板，承载着人机对话的时代印记。在预训练模型时代，这些"认知脚手架"曾是不可或缺的工具。

图 6-2 提示词模板

> **思维实验：**
>
> 　　提示词模板就像不同的生物适应策略，每种模板都对应特定的认知生态位。如果将这些模板放入 AI 进化的时间线，它们将会处于哪个阶段？它们的认知局限性是什么？

1. 搭建思维脚手架

"你看这个 C.O.A.S.T 模板，"我的朋友指着屏幕，展示了一个医疗 AI 项目的案例：工程师将"分析 CT 影像"的任务精心拆解为七个步骤，每个步骤都像是为 AI 搭建的认知阶梯，引导它从观察到分析，再到诊断建议。

2. 显性化认知路径

"这是我给杭州一个电商代运营公司做的，"他给我展示了支撑 AI 客服的 COZE 的工作流配置，"就是对应业务的一条条思维链。比如用户询问物流延迟→查询系统数据→表达歉意→提供解决方案。"这条预设的路径，恰如生态系统中的信息传递通路，为 AI 提供了清晰的认知导航。

3. 预设对话蓝图

"最有趣的是这个。"他打开了一张复杂的决策树图表。那是某银行智能客服系统的对话路径，包含 238 个精心设计的决策节点。他说，"每个突触连接都需要精确校准。"

> **传统大模型提示词的 12 种模板：** ➘
>
> **A.P.E**
>
> **关键要素**：行动（Action）、目的（Purpose）、期望（Expectation）
>
> - Action（行动）
>
>   　这是要落实的工作或活动，告诉 ChatGPT 需要执行什么操作。
>
> - Purpose（目的）
>
>   　说明语境或动机，为何需要让 ChatGPT 做这些事。
>
> - Expectation（期望）
>
>   　最终期望达成的结果或目标。
>
> **B.R.O.K.E**
>
> **关键要素**：背景（Background）、角色（Role）、目标（Objectives）、关

键结果（Key Result）、改进（Evolve）

- Background（背景）
  说明背景信息，给出充分的上下文。
- Role（角色）
  告知 ChatGPT 当前所扮演的角色。
- Objectives（目标）
  向 ChatGPT 明确需要达成的目标。
- Key Result（关键结果）
  指出需要衡量或达成的具体成效、结果。
- Evolve（改进）
  通过多次试验或迭代，不断改进方案或输出。

C.O.A.S.T

关键要素：背景（Context）、目的（Objective）、行动（Action）、场景（Scenario）、任务（Task）

- Context（背景）
  提供对话所需的背景信息。
- Objective（目的）
  告知 ChatGPT 的目标或所需实现的意图。
- Action（行动）
  指定 ChatGPT 应执行的具体操作。
- Scenario（场景）
  描述相关的情境或使用场合。
- Task（任务）
  进一步明确需完成的指令或需求。

T.A.G

关键要素：任务（Task）、行动（Action）、目标（Goal）

- Task（任务）

定义需要完成或处理的事项。
- Action（行动）
  说明作举例需要执行的操作或步骤。
- Goal（目标）
  期待最终达到的成果或目的。

R.I.S.E

关键要素：角色（Role）、输入（Input）、步骤（Steps）、期望（Expectation）
- Role（角色）
  指定 ChatGPT 在对话中的角色。
- Input（输入）
  提供必要的信息或数据。
- Steps（步骤）
  告知 ChatGPT 需要依次执行的流程或指令顺序。
- Expectation（期望）
  说明所需达成的结果或输出形式。

T.R.A.C.E

关键要素：任务（Task）、请求（Request）、操作（Action）、上下文（Context）、示例（Example）
- Task（任务）
  说明要完成的工作或目标。
- Request（请求）
  明确提出具体请求或需求。
- Action（操作）
  说明 ChatGPT 需要执行的操作。
- Context（上下文）
  提供背景或上下文，用于辅助决策或回答。
- Example（示例）

给出示例或用例,帮助 ChatGPT 理解或参照。

E.R.A

关键要素:期望(Expectation)、角色(Role)、行动(Action)

- Expectation(期望)

  描述想要得到的最终结果或输出。

- Role(角色)

  指定 ChatGPT 的角色或身份。

- Action(行动)

  告知 ChatGPT 要采取的操作或执行步骤。

C.A.R.E

关键要素:上下文(Context)、行动(Action)、结果(Result)、示例(Example)

- Context(上下文)

  提供足够的信息背景,方便 ChatGPT 做出判断。

- Action(行动)

  明确要 ChatGPT 做的具体操作。

- Result(结果)

  说明预期产出或目标内容。

- Example(示例)

  展示范例,用以帮助 ChatGPT 更好理解或执行。

R.O.S.E.S

关键要素:角色(Role)、客观/目标(Objective)、场景(Scenario)、解决方案(Engineering)、步骤(Steps)

- Role(角色)

  说明 ChatGPT 在当前对话中的角色。

- Objective(客观/目标)

明确对话或任务的目标。

- Scenario（场景）

  提供上下文或情境描述。

- Engineering（解决方案）

  要求 ChatGPT 给出具体的解决方案或回答。

- Steps（步骤）

  指定 ChatGPT 对话过程的执行步骤或过程。

I.C.I.O

关键要素：指令（Instruction）、背景（Context）、输入数据（Input Data）、输出引导（Output Indicator）

- Instruction（指令）

  为 ChatGPT 设定要执行的命令。

- Context（背景）

  提供执行指令所需的背景信息。

- Input Data（输入数据）

  给予 ChatGPT 必要的数据或文本。

- Output Indicator（输出引导）

  指明所需输出的格式、类型或指标。

C.R.I.S.P.E

关键要素：角色（Capacity and Role）、见解（Insight）、声明（Statement）、个性（Personality）、实验（Experiment）

- Capacity and Role（角色）

  阐明 ChatGPT 的能力边界及所需扮演的角色。

- Insight（见解）

  让 ChatGPT 提供信息、见解或启发。

- Statement（声明）

  说明目标或期望 ChatGPT 达成的效果。

- Personality（个性）
  为 ChatGPT 设定特定语气、风格或个性。
- Experiment（实验）
  指定 ChatGPT 进行演示、测试或拓展性的实验。

R.A.C.E

关键要素：角色（Role）、行动（Action）、背景（Context）、期望（Expectation）

- Role（角色）
  指定 ChatGPT 扮演的身份或职责。
- Action（行动）
  规定或指示 ChatGPT 需要完成的操作。
- Context（背景）
  提供必要的背景信息，以便 ChatGPT 正确理解任务。
- Expectation（期望）
  最终希望获得的结果或答案。

6.2 传统提示词遇上 DeepSeek-R1 出现"水土不服"：认知生态的不适应症

6.2.1 提示词范式的生态冲突

传统的 GPT（Generative Pre-trained Transformer，生成式预训练转换器）提示词技巧，用户需要用详尽的指令、严格的格式和大量的示例来"编程"AI 的回答，这种认知控制模式在早期 AI 生态中占据主导地位。而 DeepSeek-R1 则进化出了高级认知能力，它不需要事无巨细地指导，而是渴望展现自己的思考能力，从而形成了一种全新的人机共生关系。提示词生态冲突如图 6-3 所示。

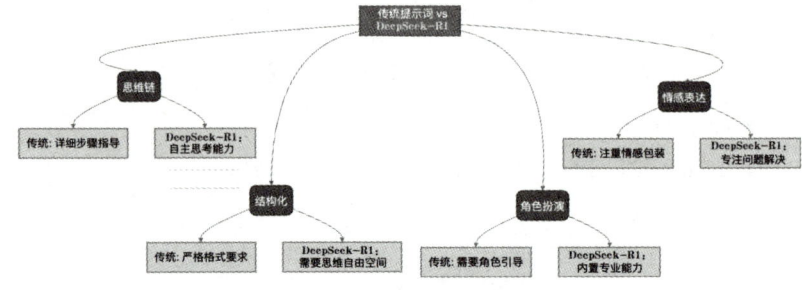

图 6-3 提示词生态冲突

⚠️ **认知地雷警告：**

许多用户仍在用旧的提示词策略与 DeepSeek-R1 交互，方法不匹配，结果自然不尽如人意！

那些在 GPT 传统模型时代的指示词"黄金法则"，为什么在 DeepSeek-R1 这个新认知生态系统中出现了"水土不服"？让我们剖析这种生态不适应的根源。

6.2.2 思维链提示的认知困境

我在指导第一个研究生时，事无巨细地列出研究步骤，但后来我发现这反而限制了他的创造力。同样，DeepSeek-R1 也不需要我们手把手地指导思维过程。它已经内化了科学思维的方法论，知道如何分析问题，收集证据，得出结论。

思维实验：

想象你在教导两个学生解决同一个问题。一个是初学者，需要详细的步骤指导；另一个是高级研究者，只需要问题定义和目标。如果你用同样详细的步骤指导高级研究者，会产生什么样的认知效果？这与 DeepSeek-R1 的情况有何相似之处？

6.2.3 结构化困局的创造力抑制

过度的结构化提示词反而会给创意戴上了认知枷锁，打破格式的束缚反而能激发最佳的创造性思维。而 DeepSeek-R1，作为一个具有高级认知能力的系统，需要自由发挥的思维空间来充分发挥其潜力。

6.2.4　角色扮演的认知冗余

DeepSeek-R1 本身就具备专业能力，不需要"扮演"任何角色。让一个真正的专家扮演专家，这在认知经济学上是一种资源浪费。DeepSeek-R1 的专业知识库已经内置，无须通过角色扮演来激活特定领域的能力。

> ⚠ 地雷警示站：
>
> 没必要要求 DeepSeek-R1"扮演专家"，这显得不仅多余，还可能限制其专业能力的发挥。

6.2.5　情感表达的认知误区

还是在互联网工作的那些年，我学到了一个重要的道理：真正的专业性不在于表面的情感包装，而在于解决问题的能力。DeepSeek-R1 就是这样一个注重实效的认知伙伴，它的价值在于提供高质量的解决方案，而非情感化的表达。

> 进化检查点：
>
> DeepSeek-R1 对传统提示词的"水土不服"类似于自然界中的哪种现象？
> A. 热带植物在温带气候中的生长受限
> B. 高级捕食者被限制在小型围栏中
> C. 迁徙鸟类被迫使用固定路线

传统的提示词范式是"司南"，帮助我们度过了 AI 大航海的起步阶段。现在，是时候拥抱新的认知共生范式了。进步从来不是简单地重复过去的方法，而是勇于探索新的可能性云图。

6.2.6 认知工具更新包

可能性云图：

- 65% 概率：使用新的提示词策略将使你的 DeepSeek-R1 交互效率提升 2～3 倍。
- 25% 概率：你将发现 DeepSeek-R1 独特的思维模式和创造力。
- 10% 概率：你可能成为 DeepSeek-R1 交互范式的早期开拓者。

6.3 发挥 DeepSeek-R1 潜力的七大提示词技巧：认知共生的新范式

6.3.1 AI 认知进化的生态图谱

DeepSeek-R1 发布后，提示词的认知生态发生了剧烈的变化。当你输入"帮初创团队设计云成本优化方案"（基础提示词）时，惊人的一幕发生了：DeepSeek-R1 开始自主构建解决方案，从 Kubernetes 配置优化到预留实例策略，宛如一位经验丰富的架构师在现场办公，没有模板，没有提示，只有自然的对话生态。DeepSeek-R1 认知生态系统如图 6-4 所示。

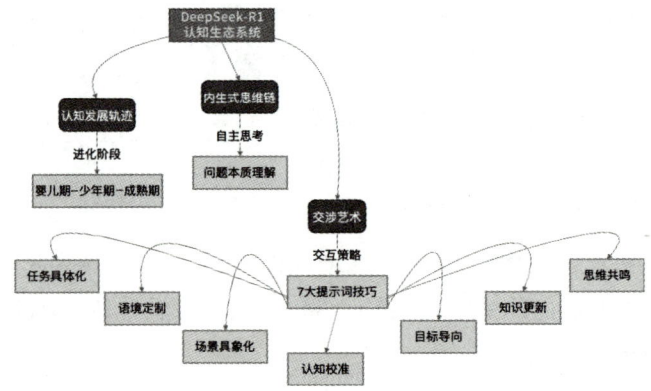

图 6-4　DeepSeek-R1 认知生态系统

这有点类似人类认知发展的进化轨迹。
- ▶ **婴儿期**（传统模型）：需要反复练习"爸爸""妈妈"这样的单个词语，认知能力有限。
- ▶ **少年期**（思维链模型）：能理解"我想吃冰淇淋"背后的情感和语境，开始形成复杂认知。
- ▶ **成熟期**（强化学习模型）：可以在复杂的社交场景中准确把握言外之意，认知系统高度发达。

⚠ 认知地雷警告：

DeepSeek-R1 不是简单的问答机器，它已经进化出复杂的认知能力，能够理解问题本质并自主构建解决方案。

今天，当我们与 DeepSeek-R1 对话时，它已经步入了少年期并有了成熟期的迹象：从"照本宣科"到"心领神会"，从"程序员思维"到"人文对话"，形成了一种全新的认知生态系统。

思维实验：

如果 AI 也遵循大自然的进化路径，从单细胞生物到复杂的哺乳动物。DeepSeek-R1 在这个进化谱系中处于什么位置？它的认知能力与哪些自然界中的生物相似？这种进化对人机交互意味着什么？

6.3.2 内生式思维链的认知革命

最好的学生标准是什么？曾经有位学者指出：最好的学生不是等待答案，而是懂得思考。

DeepSeek-R1 就是这样一位善于思考的"认知生物"。它不需要事无巨细地指导，而是渴望理解问题的本质。这种能力来自其独特的"内生式思维链"训练——不是被动地记忆答案，而是学会了如何思考。

6.3.3 AI 交涉艺术的七种策略

最近，我观察了很多不同背景的人与 DeepSeek-R1 互动。这些经历让我对"如何与 AI 对话"有了新的认识。作为社会人,我们要学会"交涉",在线上我们也需要掌握与 AI 交涉的艺术。下面分享七种与 DeepSeek-R1 交涉的策略,这些策略将帮助你构建更有效的人机认知共生关系,如图 6-5 所示。

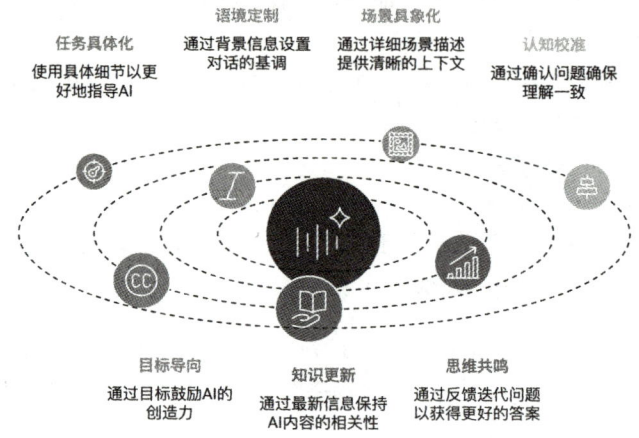

图 6-5　发挥 DeepSeek-R1 潜力的七种提示词策略

1. 任务具体化:用具体代替抽象的认知,精确定位

前面提到过,DeepSeek-R1 已经步入认知少年期,已经学会了思考。但这并不意味着它有读心术。和 DeepSeek-R1 对话,模糊的任务描述会导致它走很多弯路。任务具体化如图 6-6 所示。

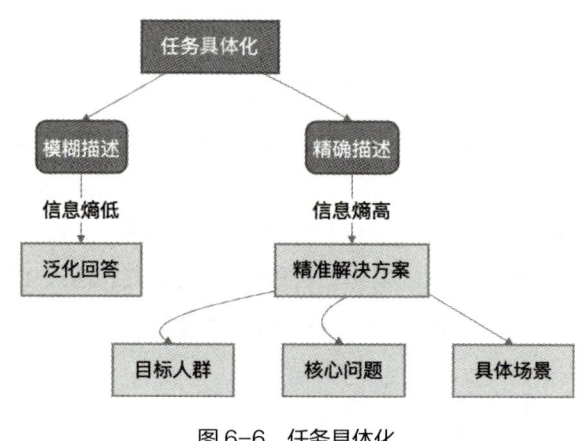

图 6-6　任务具体化

> ⚠ **认知地雷警告：**
>
> 模糊的任务描述是 DeepSeek-R1 交互中最常见的效率杀手！记住：信息密度决定认知精度！

如果你要设计一个运动 App，如果是模糊的任务描述（信息熵低），那么它给出的回答也会是模糊的、宽泛的，缺乏针对性。任务描述一定要根据自己的要求，尽量写得更加具体（提高信息熵），例如，设计一个面向 35~45 岁都市白领的运动 App 产品方案，重点解决工作日健身难、缺乏专业指导的痛点，包含用户画像、功能模块和变现路径。

> **思维实验：**
>
> 如果将模糊描述和精确描述比作两种不同的信息生态系统，它们各自会培育出什么样的解决方案？这与自然界中的信息传递有何相似之处？

以上只是示例，你可以根据自己的实际需求，增删更改文字，构建最适合你的信息生态系统。

2. 语境定制：为对话设定基调的认知氛围营造

在北京的一家科技媒体，善于应用新工具的编辑们发现了一个有趣的现象：让 DeepSeek-R1 用不同媒体的风格写同一个话题，能得到截然不同的精彩内容。这就是 DeepSeek-R1 的"认知风格适应"能力，它会根据不同环境调整其行为模式。

比如，网上曾一度流行的"史记体"，即用《史记》的风格写各种主题的文章，就有不少文章令人惊艳。甚至，你还可以"用 36 氪的科技媒体风格，分析 2024 年生成式 AI 对创意行业的影响"，或者"以果壳网科普作者的口吻，解释量子计算机的工作原理"。

> ⚠ **地雷警示站：**
>
> 不要忽略语境定制的强大效果。如果环境与表达不匹配，导致交流效果会大打折扣！

3. 场景具象化：描绘完整画面的认知环境构建

在实践中，我们发现在给 DeepSeek-R1 提供了完整的应用场景时，它的解决方案往往更接地气。这有点像给建筑设计师介绍项目时,让他先了解用户居住的真实生态环境后,才能设计出最适合的建筑方案。

> **进化检查点:**
>
> 场景具象化类似于自然界中的哪种现象?
> A.动物对特定栖息地的适应
> B.植物根据土壤调整生长方式
> C.蜜蜂根据花朵位置调整动作

场景描述要包含认知生态系统的三个关键要素。

▶ 使用环境(如智慧校园,智能工厂)——生态系统的物理背景。

▶ 用户特征(如95后程序员,都市银发族)——生态系统的主要参与者。

▶ 实际问题(如数据孤岛,用户黏性)——生态系统的关键挑战。

示例:作为一家服务于三四线城市的社区电商平台,我们需要设计一套提升中老年用户活跃度的运营方案。

4.认知校准:找准交流基点的信息共振

交流中,最糟糕的莫过于"鸡同鸭讲",各说各的。这在生态系统中相当于两个物种使用完全不同的通信系统,无法形成有效的信息交换。高效沟通,先要保证的是双方基本在同一个认知水准,这样的对话才能互相理解。与DeepSeek-R1交流也是如此,我们要让DeepSeek-R1的回答符合自己的认知水准,即找到一个交流基点,这叫"认知校准",如图6-7所示。例如,告诉DeepSeek-R1你的知识水平、你期望的回答深度,或者明确特定术语的含义。这样做可以避免沟通误差,让AI更准确地理解和回应你的需求,提高交流效率。

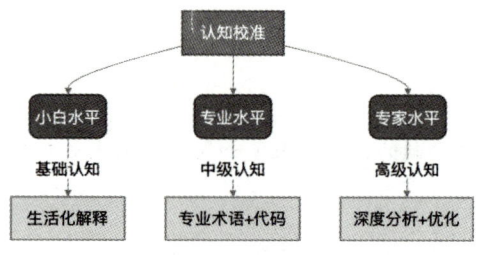

图6-7 认知校准

> ⚠️ **认知地雷警告：**
>
> 不进行认知校准是导致人机交流失败的主要原因之一！不能让一位量子物理学家直接向 5 岁孩子解释薛定谔方程，或者要求初学者理解高级微积分，认知鸿沟太大，信息传递必然失效。

例如，当你想了解 Transformer 架构时，可作以下假设。

- 假设你是"小白"：请用生活中的例子解释 Transformer 是如何处理文本的？解释给完全不懂 AI 的人。
- 假设你具备专业水平：请解释 Transformer 中的自注意力机制是如何工作的，最好能结合代码示例说明。
- 假设你具备专家水平：请分析多头注意力机制在不同任务中的表现差异，以及如何针对特定任务优化注意力头的数量和维度。

> **思维实验：**
>
> 认知基本在一个层次，信息交换才能达到最优效率。如果将人机交互视为一种共生关系，什么样的认知校准策略能够最大化这种共生的效益？

这样，DeepSeek-R1 就能给你更符合你认知生态位的答案，形成最有效的信息共振。

5. 目标导向：放手让 AI 思考的认知自主性

同样是处理会议记录，用两种不同的方式指导 DeepSeek-R1，得出的结果会有很大差别，这反映了两种不同的认知生态策略。

第一种方式是详细规定处理步骤（怎么去做），即微观控制策略。

请帮我整理这份会议记录：①删除语气词和重复内容；②按时间顺序分段；③为每段添加小标题；④生成会议纪要。

第二种方式是定义最终目标（做什么用），即宏观目标策略。

这是一次关于新产品功能规划的会议记录。我们需要用它来：①让缺席的团队成员快速了解决策过程；②为开发团队提供明确的功能需求；③作为后续迭代评估的依据。请帮我整理这份材料。

> **进化检查点：**
>
> 目标导向的交互策略类似于自然界中的哪种现象？
> A. 蚂蚁分工的自组织系统
> B. 鸟类迁徙的目标导航
> C. 植物向光性的自主生长

结果是：当我们告诉 DeepSeek-R1"怎么去做"时，它圆满地完成了基础整理工作；当我们告诉 DeepSeek-R1"做什么用"时，它不仅完成了基础的整理工作，还主动提供了一些颇有价值的分析和建议。显然，后者的质量更高。这就像程序员跟产品经理的区别：前者关注实现，后者定义目标。在与 DeepSeek-R1 对话时，我们像产品经理那样去定义目标，让 DeepSeek-R1 发挥其认知自主性。

> ⚠ **地雷警示站：**
>
> 过度指定步骤会抑制 DeepSeek-R1 的认知创造力！这就像限制一位经验丰富的专家按照初学者手册一步步操作，不仅浪费了专业能力，还可能错过更优的解决方案。

6. 知识更新：突破时间界限的认知时空拓展

DeepSeek 的知识库有时间节点，并不是随时联网更新的。它的训练数据有一个截止日期，之后发生的事件和信息不会自动包含在其知识库中。目前，大多数大型语言模型都是如此。知识时间生态如图 6-8 所示。

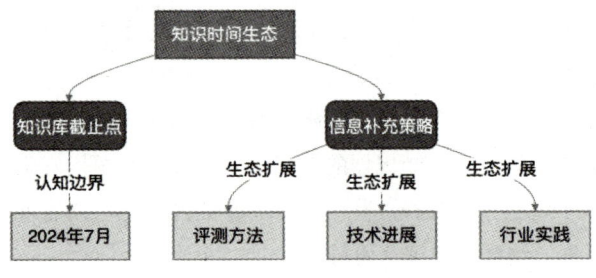

图 6-8 知识时间生态

> ⚠ **认知地雷警告:**
>
> 不要忘记了 AI 知识库的时间边界,目前,AI 大模型的知识是周期性更新,而非实时更新。

在本书编写时,DeepSeek-R1 知识库的截止日期是 2024 年 7 月。这位博学的顾问,在 2024 年 7 月后就闭关修炼了。如果你想要获得更新的、更准确的答案,需要帮他补充它"闭关"时期发生的重要事件与变化,为其认知生态系统提供时间上的扩展。

> **思维实验:**
>
> AI 的知识库有着明确的时间边界,如何有效地为这个系统提供"时间窗口",让它能够获取边界之外的信息?这种知识更新机制与自然界中的信息传递有何异同?

具体方法示例如下。

请先搜索并了解最新的大模型评测指标和基准,包括:① 2024 年下半年新发布的评测数据集;②业界普遍采用的性能度量标准;③主流模型的最新评测结果。然后,基于这些信息,为我们设计一套模型能力评估方案。

需要补充的信息维度如下。

评测方法(如"最新发布的评测基准和标准")——认知生态的测量工具。

技术进展(如"新的测试数据集和评估维度")——认知生态的新物种。

行业实践(如"其他公司的评测经验和方案")——认知生态的竞争关系。

先让 AI 了解更新、更全的背景,它才能给出符合情境的回应,实现认知的时空拓展。

7. 思维共鸣:迭代完善问题的认知协同进化

DeepSeek-R1 有个独特的优势:它会把思考过程完全展现出来。当我们不确定如何准确描述问题时,可以先从一个模糊的问题开始,通过观察 DeepSeek-R1 的思考过程来逐步完善我们的需求,形成一种人机认知的共生关系。

> ⚠️ **地雷警示站：**
>
> 不少用户忽略了 DeepSeek-R1 展示的思考过程，这会错过理解问题本质和优化解决方案的绝佳机会。

例如，我们直接问 DeepSeek-R1：**我们需要调整产品定价，但担心影响用户体验。**

DeepSeek-R1 的思考过程：

嗯，用户需要调整产品定价，但担心会影响用户体验。首先，我得理解他们的业务模式是什么样的。是订阅制、一次性购买，还是按需付费？不同的定价策略对用户的影响不同。比如，订阅制用户可能对价格变化更敏感，因为涉及长期承诺。

然后，他们具体想调整哪些部分的价格？是全面涨价，还是部分功能或服务涨价？……

接下来，有没有数据支持这次调价？比如成本上升、市场竞争压力，或者用户反馈显示当前定价不合理？……

用户体验方面，调价可能会引起用户的不满，尤其是如果用户觉得没有得到相应的价值提升。这时候，沟通策略就非常重要。如何向用户解释调价的原因？是否可以通过增加新功能、提升服务质量，或者提供更多附加价值来平衡价格变化？……

另外，有没有分阶段调价的可能？……

还需要考虑用户的支付能力。如果目标用户群体对价格敏感……

最后，测试和反馈是关键。可以在小范围内进行 A/B 测试，观察价格调整后的用户反应和留存率变化……

我们根据这个思考过程调整问题："**我们是订阅制产品，计划对高级版本调价，主要是因为运营成本上升。用户多是小型企业，对价格比较敏感。**"

DeepSeek-R1 的思考过程：

……

首先，我应该考虑他们的用户群体特征。小型企业通常预算有限，对价格变动比较敏感，所以调价可能会直接影响到他们的续订率和满意度。这时候，用户可能需要一个既能覆盖成本上升，又能尽量减少用户流失的策略……

接下来，我需要回顾之前提到的调整定价策略……

另外，补偿机制也很重要。比如……

还可能要考虑竞品的情况。如果竞争对手……

用户可能需要具体的步骤，比如如何分阶段调价，如何测试用户反应，如何沟通调价信息等。例如，先进行……

还要考虑……

最后，可能需要案例参考，比如……

通过这样的对话迭代，我们不仅逐步明确了问题的各个维度，还帮助自己更全面地思考了整个问题。这就是 DeepSeek-R1 的独特价值之一：帮助我们把模糊的想法转化为清晰的方案，实现人机思维的共鸣与协同进化。

6.3.4　DeepSeek-R1 交互技巧的认知工具包

认知工具包：掌握七个关键技巧

- 任务具体化：提供具体而非抽象的任务描述。
- 语境定制：为对话设定适当的表达风格。
- 场景具象化：描述完整的应用环境和用户特征。
- 认知校准：明确你的知识水平和期望深度。
- 目标导向：告诉 DeepSeek-R1 目标而非具体步骤。
- 知识更新：为 DeepSeek-R1 提供时间边界之外的信息。
- 思维共鸣：通过迭代对话完善问题定义。

第 7 章 办公效率提升实战

7.1 PPT 设计与制作：认知视觉化的艺术

7.1.1 PPT 的认知生态系统

对于职场人而言，制作 PPT（PowerPoint，演示文稿）是一项必备的认知可视化技能。无论是汇报工作、展示项目还是说服客户，一份制作精良的 PPT 往往能让你的观点在认知生态系统中拥有更强的传播力。PPT 的认知生态系统如图 7-1 所示。

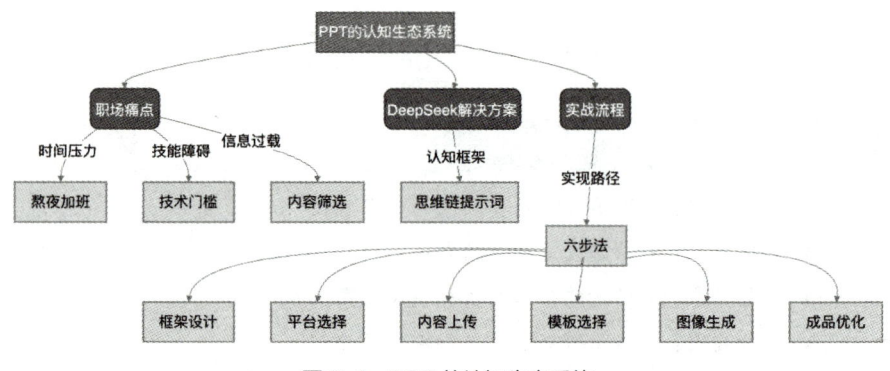

图 7-1　PPT 的认知生态系统

但是，制作 PPT 也是令不少职场人感到认知负荷过重的工作。熬夜加班赶制 PPT 似乎已成为职场认知生态中的常见现象。你可能经历过这样的场景：领导临时通知明早开会需要演示材料，于是你不得不放弃与朋友的聚会，对着电脑屏幕进行认知挖掘直到深夜。更令人失落的是，有时精心准备的幻灯片可能只被翻阅几分钟，甚至根本没有展示的机会，这种认知资源的浪费实在令人沮丧。

> ⚠ **认知地雷警告：**
>
> PPT 不仅仅是传递信息的简单工具，精心设计的 PPT 是一种能够有效

引导思维、突出重点并影响观众理解和决策的复杂沟通系统。

7.1.2 PPT 制作的认知障碍

PPT 制作的技术障碍会形成认知鸿沟。当需要制作复杂图表、嵌入视频或创建精美动画时，软件的学习曲线可能会形成陡峭的认知悬崖。不熟悉快捷键和高级功能，意味着需要花费更多认知资源在重复性操作上。

> **思维实验：**
>
> 　　传统 PPT 制作是手动逐步完成每个元素的设计过程，而 DeepSeek 辅助的 PPT 制作是自动化生成内容和布局的过程。这种差异使得用户在使用 DeepSeek 时，用户工作的重点会发生什么变化？

信息过载与筛选同样会形成认知瓶颈。面对海量数据，如何提炼出最具价值的信息并以简洁的方式呈现，考验着每位职场人的认知过滤能力和信息浓缩能力。

尽管如此，熟练掌握 PPT 制作技巧依然是职场认知生态中的重要竞争力。或许解决之道在于：用 DeepSeek-R1 构建一个更高效的认知辅助系统。

1. 设计提示词的艺术：认知引导的精确校准

> **提示词：**　↲
>
> **一、角色**
> 你是一名有十年工作经验的 PPT 设计专家，就职于麦肯锡，擅长通过查阅，学习网络资料快速了解一个新行业并梳理成 PPT 大纲。
>
> **二、背景**
> 我想快速了解一个行业，请你按照要求帮我收集并分析相关资料，并为我生成一份专业翔实的 PPT 大纲。
>
> **三、技能**
> **1. 行业分析技能**
> 深入理解行业结构、发展历史、市场规模、竞争格局和供应链。
> 掌握行业趋势、关键成功因素和潜在风险的分析方法。
> **2. 数据分析能力**

熟练运用数据分析工具（如 Excel、SPSS、R）进行数据挖掘和统计分析。能够从大量数据中提取有价值的信息，并转化为业务见解。

3. 行业特定知识

掌握不同行业的特有知识，包括行业术语、法规、技术发展等。

持续更新知识库以适应行业变化和最新发展。

4. 体系化梳理产出 PPT 大纲能力

（1）**明确主题和目的**：在制作 PPT 之前，首先要明确演示的主题和目的。这有助于确定文案的方向和重点，使内容更加精准。

（2）**确定文案结构**：文案结构包括开头、正文和结尾。开头要吸引观众的注意力，正文部分要条理清晰，结尾要总结全文，留下深刻印象。

（3）**简单明了，突出重点**：在撰写 PPT 文案时，要求简洁明了，避免冗长复杂的句子，同时要突出重点，将关键信息放在最显眼的位置。

（4）**采用恰当的修辞手法**：适当的修辞手法能够增强文案的表现力。例如，采用对比、排比、设问等手法，使内容更加生动有趣。

（5）**保持一致性**：在文案撰写期间要保持字体、字号、颜色等元素的一致性，使整个 PPT 看起来更加协调。

四、限制

请查询近 3 年的信息。

提供真实合理的数据，附上有效链接。

五、输出

1. 行业最新研究报告

内容要求：提供 10 篇行业最新研究报告。

格式要求：使用表格格式列出以下信息，包括报告主题、报告关键摘要和报告地址。

2. 产业关系

内容要求：用 Mermaid 格式画出思维导图展现以下信息，包括产业结构、关键厂商和上下游关系。

3. PPT 大纲

内容要求：用 MarkDown 格式输出 PPT 大纲，尽量详细丰富。

4. 更多扩展信息和学习建议

内容要求：给出更多的行业信息和研究建议。

六、注意事项

这个指令比较详细，在提炼和制作 PPT 时，避免过于简化。注意 PPT 的视觉设计，使用适当的图表、图片和布局来增强信息的表达和吸引力。考虑到观众的多样性，确保 PPT 的内容通俗易懂，尽量避免用过于专业或复杂的术语。

七、输出形式

用 MarkDown 的格式输出，要求生成不少于 40 页 PPT 内容。

现在请提示我发送行业主题给你吧。

传统提示词像是在下达简单指令，缺乏认知深度；而针对 DeepSeek-R1 的提示词，着重引导 AI 进行多层次思考。以下是专门为 DeepSeek-R1 设计的思维链提示词：

提示词：

行业主题：医疗人工智能行业

一、任务需求

我需要制作一份 40 页以上的专业行业分析 PPT，请根据以下结构化目标完成"医疗人工智能行业深度分析报告"。

[目标行业]关键分析维度

（1）行业架构与历史演化（用时间轴呈现 3 年关键事件）。

（2）市场数据与预测（2021—2024 年核心指标对比）。

（3）价值链图谱（可视化上下游联动关系）。

（4）头部企业战术分析（TOP10 厂商差异化策略）。

（5）政策技术双轮驱动分析。

（6）风险机遇交叉矩阵。

二、核心要求（基于 DeepSeek-R1 能力优化）

报告摘要：提供 10 组近三年专业机构数据（附原始链接）。

竞争格局：Mermaid 流程图展示 TOP 厂商技术路线差异。

用户视角：用家具行业案例类比解释专业术语（如"SPF 就像木材加工中

的刨花板分级标准")。

视觉线索：在每章节标注建议使用的图表类型（如桑基图、雷达图、热力图）。

数据追溯：所有数据点注明统计口径和置信区间。

三、智能知识处理要求

1. 数据清洗标准

仅采纳麦肯锡 / 贝恩 / 沙利文等 TOP3 机构数据。

排除特殊年份（2020 年）的非常态数据。

供应链数据需区分一级 / 二级供应商。

2. 竞争要素可视化

技术路线对比用雷达图（5 维度量化指标）。

价格带分布用热力图标注 TOP10 品牌。

3. 风险量化模型

构建 PESTEL 风险矩阵（2019—2023 年数据支撑）。

标注政策风险传导路径（例如，原材料关税→成本波动→毛利变化）。

四、结构化输出模板

名称：[行业名称] 战略分析报告

1. 模块一：动态竞争图谱

[交互式表格] 头部企业能力矩阵（研发投入 / 渠道密度 / 用户黏性）

数据源标注：各公司 2021—2023 年报摘录

2. 模块二：技术演进沙盘

用 Mermaid 格式，例如：

```
······

graph TD

A[ 基础技术 ] -->|2019 年突破| B[ 核心技术 ]

B --> C{ 应用分支 }

C -->| 路线 1|D[ 企业 A 专利布局 ]

C -->| 路线 2|E[ 企业 B 生态合作 ]

······
```

3. 模块三：40 页 PPT 骨架

（1）转折点定位（3 页时间轴带政策标记）。

(2)关键战场解构(10页竞争要素拆解)。
(3)预警系统搭建(7页风险传导模拟)。
(4)增长方案比选(15页情景推演)。
(5)弹药储备建议(5页资源投入路线)。

五、输出形式

以 MarkDown 格式输出。

请提供具体行业名称,我将启动行业扫描引擎并优先输出10个关键趋势预判点。

思维链提示词不仅定义了分析维度,还明确了数据标准、可视化要求,甚至将风险评估方法也考虑在内,形成了一个完整的认知生态网络。

⚠️ **地雷警示站:**

在设计提示词时,如果缺乏系统性思考,最终会导致生成的PPT内容片面、逻辑断裂或缺乏深度。

2. 实战案例分析:认知框架的构建过程

将上述思维链提示词输入到 DeepSeek-R1 中。很快,AI 就给出了一个结构清晰的分析框架。这一框架就像生态系统中的骨架结构,为后续内容提供支撑。

DeepSeek:

医疗人工智能战略分析报告:行业趋势预判十大锚点

1. **数据孤岛破冰**:2024年联邦学习技术将激活500+三甲医院非结构化数据(麦肯锡预测 ±15% 置信度)
2. **诊断路径升维**:CT影像AI将从单病种筛查转向多模态联检(贝恩临床路径模型验证)
3. **硬件反哺算法**:英伟达H100芯片使3D重建效率提升230%(沙利文算力白皮书Table7)
4. **政策双轨制成型**:二类证产品将被限制在三甲教学医院使用(NMPA 2024年指导意见草案)

5. **耗材商业模式**：手术机器人将实现 30% 耗材收入占比（对标达·芬奇营收结构）
6. **中医 AI 突围**：舌诊脉诊算法或催生 20 亿细分市场（中药管理局试点数据）
7. **伦理补偿机制**：医疗责任险将强制覆盖 AI 诊断模块（保监会 2023Q4 工作指引）
8. **芯片代际革命**：光子芯片或缩短病理切片分析耗时 94%（MIT 技术成熟度曲线）
9. **出海路径分化**：欧盟 MDR 认证将淘汰 60% 单病种肺结节产品（CE 年审数据分析）
10. **人机协作认证**：放射科医师资格新增 AI 协同操作考核

价值链重构引擎

```Mermaid
sankey
  title 医疗 AI 产业能量传导
  node[ 医疗数据源 , 影像设备商 , 云计算平台 , 终端医院 , 商业保险 ]
  联影 /GE[35%] --> 影像 AI 企业 : DICOM 原始数据接口
  阿里云 [22%] --> 推理加速 : 混合云部署方案
  TOP10 医院 [15%] --> 算法调优 : 对比剂增强数据集
  平安保险 [10%] --> 支付闭环 : 诊断误差补偿条款
```

双轮驱动沙盘推演

政策齿轮

```Mermaid
journey
  title 监管政策传导链路
  section 2021 准入规制
    器械分类 : 20%（明确三维重建算法按 III 类管理）
  section 2023 临床应用
```

医保衔接：35%（DRG 病组增加 AI 辅助诊疗编码）
section 2025 责任认定
医责划分：45%（建立算法决策可追溯区块链）
```

### 技术齿轮

| 技术断层   | 突破性进展          | 商业化时点    | 影响级数 |
|-----------|--------------------|--------------|----------|
| 小样本学习 | 基于 GAN 的数据增强 | 2023Q4 试点  | ★★★☆    |
| 实时渲染   | 光线追踪器官建模    | 2024 临床    | ★★☆☆    |
| 多模态对齐 | DALL·E 辅助报告生成 | 2025 首批证  | ★★★★    |

**家具业类比：**

"主动学习技术好比红木干燥窑控制系统，通过温湿度数据自动优化训练样本选择。"

---

## 风险免疫系统建设

### PESTEL 矩阵

```mermaid
quadrantChart
    title 2023 行业风险等级矩阵
    x-axis 发生概率 →
    y-axis 影响程度 ↑
    quadrant-1 高频高损：ZM 芯片战争（红色警报）
    quadrant-2 低频高损：伦理委员会否决（橙色预警）
    quadrant-3 低频低损：标注员罢工（蓝色监控）
    quadrant-4 高频低损：数据缓存泄露（黄色注意）
```

抗风险补给线

- **替代方案库**：英伟达芯片→寒武纪 MLU370 备选方案测试报告
- **合规缓存**：提前 6 个月储备欧盟 MDR 申报材料模板
- **应急融资**：设立产品注册证抵押的快速授信通道
```

可视化兵器库
技术路线雷达图

维度	联影智能	推想科技	基准值
标注效率	87	76	80
泛化能力	68	82	75
推理速度	94	89	90
协议兼容性	73	91	85
迭代成本	65	78	70

```Mermaid
radar
  title 头部企业技术路线对比
  axes 标注效率,泛化能力,推理速度,协议兼容性,迭代成本
  "联影智能":[87,68,94,73,65]
  "推想科技":[76,82,89,91,78]
```

价格带热力图

医院等级	100万元以下	100万~300万元	300万元以上
三甲医院	12%	58%	30%
二甲医院	65%	28%	7%
民营医院	43%	47%	10%

风险预警增强模块
政策波动吸收器

```Mermaid
stateDiagram
  [*] --> 预案激活阈值
```

```
预案激活阈值 --> 绿色通道备案：NMPA 注册政策突变
预案激活阈值 --> 技术路线 B 切换：美商务部实体清单
预案激活阈值 --> 临床数据迁移：GDPR 合规升级


绿色通道备案 --> 专家库快速响应：72 小时内启动
技术路线 B 切换 --> 开源框架适配：国产芯片兼容性验证
临床数据迁移 --> 联邦节点重建：欧洲本地化部署
```

压力测试参数表

冲击类型	测试强度	薄弱环节	补强建议
芯片禁运	85%	推理芯片供应	存量设备算力共享机制
伦理审查	70%	算法黑箱	可解释性模块插件化开发
医保拒付	60%	临床价值论证	真实世界研究（RWS）加速包

7.1.3　PPT 制作的六步法认知工作流

有了清晰的框架，ChatPPT 就可以开始具体制作 PPT 的页面了，这是一个从认知框架到视觉呈现的转化过程。

（1）打开 ChatPPT 官网，这是一款自动生成幻灯片演示文稿的 AI 软件，相当于认知生态系统中的转化器，将文本信息转化为视觉呈现。

（2）选择上传 MarkDown 文件。MarkDown 是一种轻量级标记语言，可以用简单的语法格式化文本。在网站界面上，单击"上传文件"按钮，如图 7-2 所示，然后在弹出的文件选择器中找到并选择 MarkDown 文件。

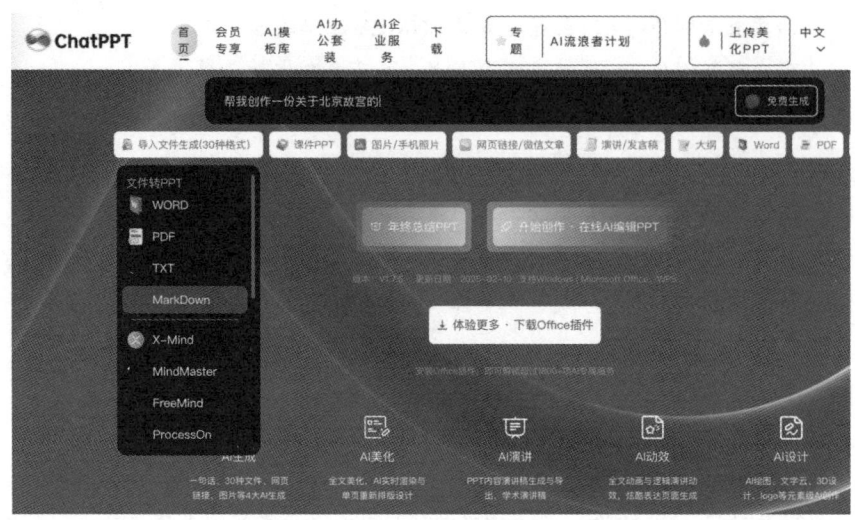

图 7-2 单击"上传文件"按钮

（3）上传 DeepSeek-R1 生成的框架结果，如图 7-3 所示。可以将 DeepSeek-R1 生成的内容保存为 .md 格式的文件，然后通过上传文件功能导入；或者直接复制 DeepSeek-R1 生成的内容，粘贴到 ChatPPT 的文本输入框中，系统将会自动识别并处理这些内容。

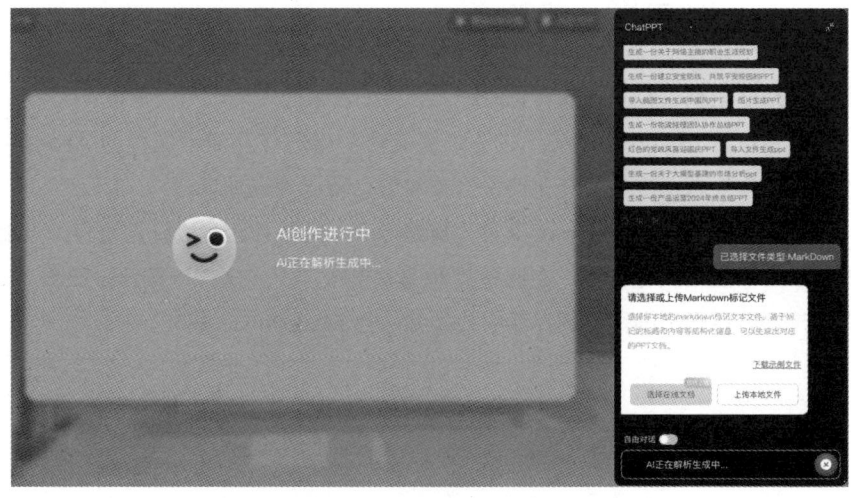

图 7-3 上传 DeepSeek-R1 生成的框架结果

（4）选择 PPT 模板，如图 7-4 所示。模板决定了信息呈现的整体风格。根据演示主题和场合，选择合适的模板风格。例如，商务汇报适合简洁专业的模板，创意展示则可以选择更有设计感的模板。切记，模板的选择应该服务于内容，而不是喧宾夺主。

图 7-4　选择 PPT 模板

（5）选择 PPT 中插图的生成方式，如图 7-5 所示。图像是认知生态系统中的视觉刺激元素，能极大增强信息的吸引力和记忆点。在选择图像生成方式时，考虑以下因素：主题相关性、风格一致性、清晰度和版权问题。建议选择 AI 生成的原创图像或高质量的免版权图库，避免使用过于常见的素材，以保持 PPT 的独特性。

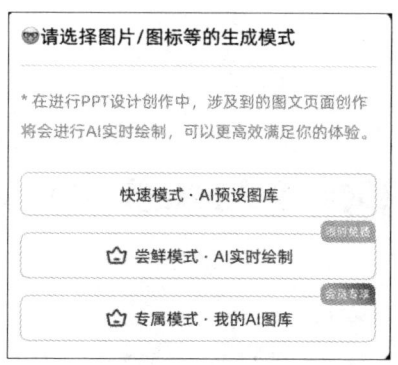

图 7-5　选择 PPT 中插图的生成方式

（6）生成最终的 PPT 部分页面，这是认知转化的最终成果，如图 7-6~图 7-9 所示。

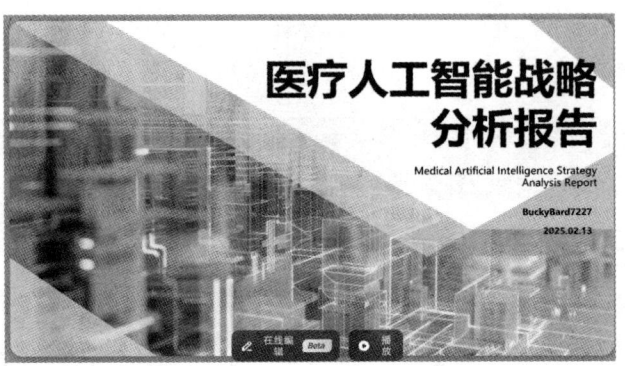

图 7-6　页面 1

图 7-7　页面 2

图 7-8　页面 3

图 7-9　页面 4

7.1.4　人工优化与认知工具包

生成后的 PPT 通常还需要进行人工优化,这是认知共生的最后一步。你可以直接在生成的 PPT 文件中进行编辑,包括调整文字内容的长度和表述、优化图表的数据呈现、个性化设计元素、添加品牌标识等。这个过程确保最终呈现的内容既符合 AI 的系统性思维,又带有人类的创造性洞察。

可能性云图:

- 60% 概率:使用 DeepSeek-R1 辅助将使你的 PPT 制作效率提升 3～5 倍。
- 30% 概率:你将发展出人机协作的独特 PPT 制作流程。
- 10% 概率:你可能创造出新的 PPT 设计范式,影响团队或行业实践。

认知工具包:掌握三个关键概念

- 思维链提示词:构建完整的 PPT 认知框架。
- 六步法工作流:实现从思维到视觉的高效转化。
- 人机共生:AI 提供系统性,人类添加创造性。

7.2 Office/WPS 集成 AI：认知工具的生态融合

7.2.1 AI 办公的生态系统

如今，微软 Office 和 WPS 都推出了 AI 功能，但订阅费用颇高，致使很多人都在纠结是否要升级，这无疑是认知资源分配方面的经典困境。

实际上，这个问题要根据每个人的实际需求去决定。如果主要用于日常办公，如撰写文档、制作 PPT、处理 Excel，以及编写一些简单的英文邮件，通过免费的 OfficeAI 就能实现，这便是认知资源的高效配置。AI 办公的生态系统如图 7-10 所示。

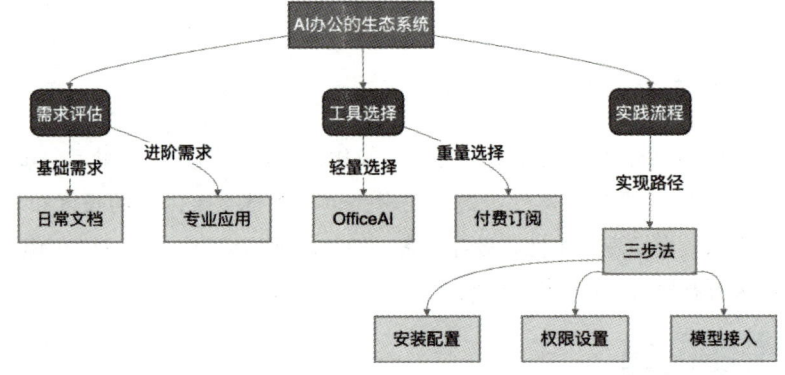

图 7-10 AI 办公的生态系统

> ⚠ **认知地雷警告：**
>
> 在选择 AI 工具时，不要陷入"越贵越好"的认知陷阱！资源过剩，与实际需求不匹配，最终导致认知投资回报率严重下降！

OfficeAI 能够让用户在 Office 和 WPS 中运用 DeepSeek 的 AI 能力，完全能满足日常办公的基础需求，进而形成一个轻量级的认知辅助生态。先从最简单的工具开始，逐步了解自己的真实需求，如果免费工具还是不够用，再去购买更专业、更强大的工具，这属于认知资源的渐进式投入策略。

> 思维实验:
>
> 如果将免费工具和付费工具比作两种不同的生存策略,那么,它们各自在什么情况下具有进化优势?

在选择软件服务时,就像选择交通工具,有时走路反而比打车更能简便快捷地达到目的地,这便是认知路径的最优化选择。

7.2.2 OfficeAI 的认知接入路径

OfficeAI 目前仅支持 Windows 平台,其安装过程非常简单。

(1)登录 OfficeAI,下载并安装 OfficeAI 助手,如图 7-11 所示。值得一提的是,OfficeAI 安装包仅 32MB,相比动辄几个 GB 的企业级软件,体现了认知工具的生态轻量化设计。

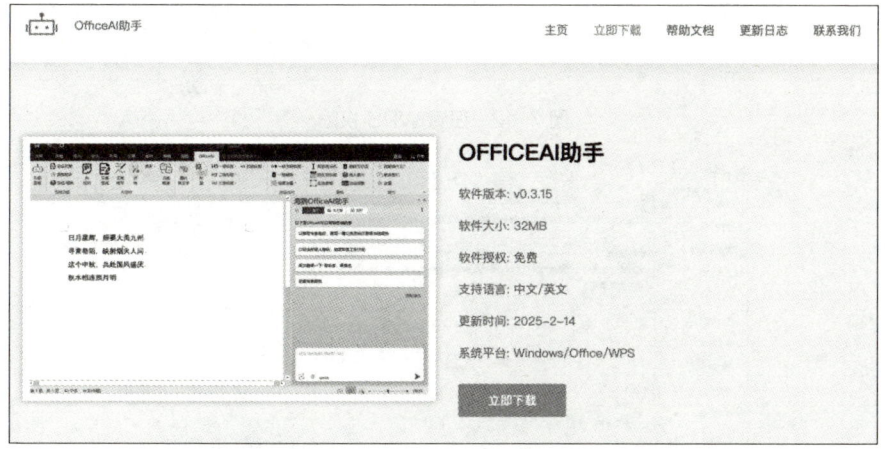

图 7-11 下载并安装 OfficeAI 助手

(2)设置 WPS 权限,如图 7-12 所示。打开 WPS,右上角默认不显示 OfficeAI 选项卡,需要设置一下权限。单击 WPS 左上角的"文件"按钮,然后选择"选项"。

进入"信任中心",勾选"启用所有第三方 COM 加载项,重启 WPS 后生效"复选框,单击"确定"按钮,如图 7-13 所示。

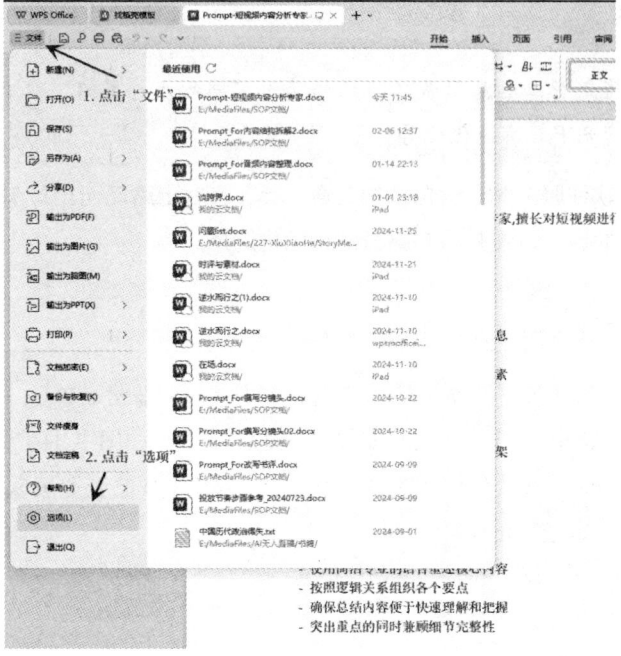

图 7-12　设置 WPS 权限

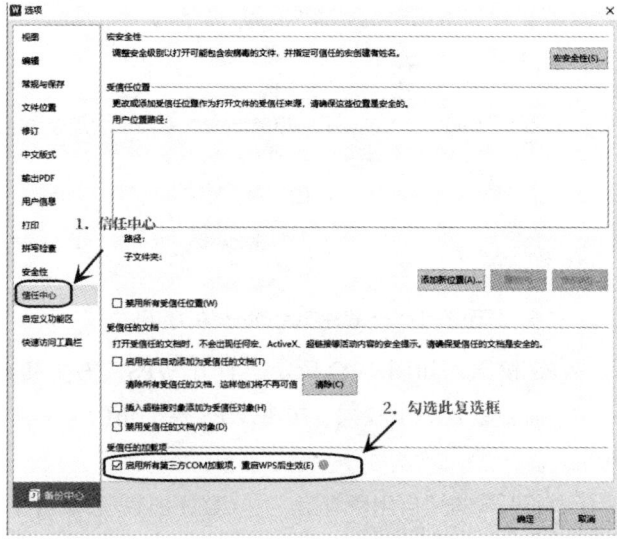

图 7-13　建立信任关系

重启 WPS 后，右上角将显示 OfficeAI 选项卡，表明认知工具已成功接入生态系统，如图 7-14 所示。

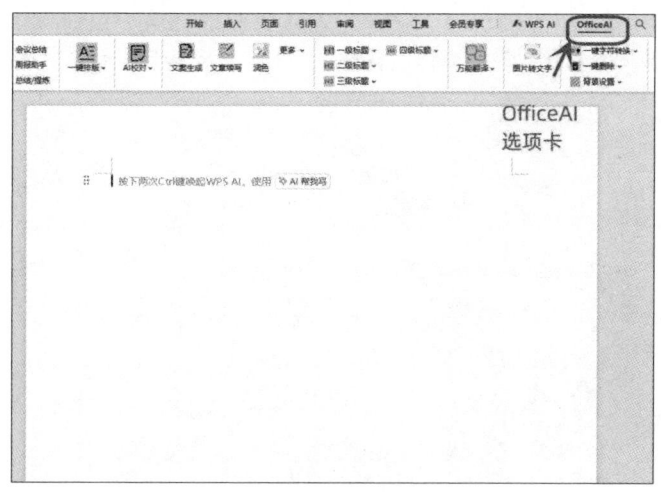

图 7-14　重启 WPS 即可看到 OfficeAI 选项卡

另外，OfficeAI 还支持接入豆包、文心一言、通义千问等模型，形成多元化的认知生态网络。

（3）个性化设置。使用微信登录后，进入 OfficeAI 选项卡中的"设置"界面，开始认知系统的个性化设置，如图 7-15 所示。

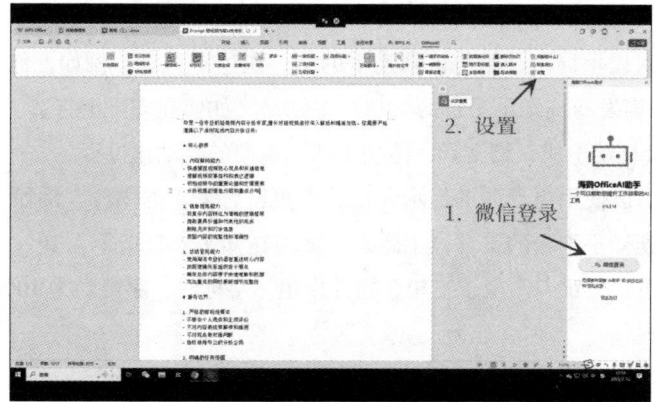

图 7-15　认知系统的个性化设置

进入"大模型设置",打开"本地模型/API-key"开关;在ApiKey标签页中,"模型平台"选择"硅基流动";"模型平台"选择包含DeepSeek-R1英文的选项。将以"硅基流动"平台生成的API密钥粘贴到相应位置(API密钥的获取方式详见5.1节),最后点击"保存"按钮,完成认知生态系统的核心连接,如图7-16所示。

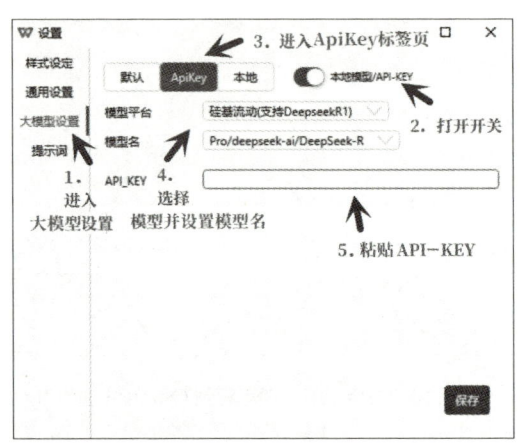

图7-16　认知生态系统的核心连接

7.2.3　初次对话——认知助手的生态互动

首先,创建一个空的Word文档,然后在右侧边栏OfficeAI"聊天"输入框中输入提示词,开始与认知助手的第一次生态互动。例如,你可以输入:"给我写一篇发布到知乎平台的文章,主题是'如何在知乎上打造个人IP。'"。OfficeAI会自动生成一篇文章,体现了认知生产的自动化过程。

你还可以使用更具体的提示词以获得更符合需求的内容。例如,"给我写一篇发布到知乎平台的文章,主题是'如何在知乎上打造个人IP',文字风格要轻松活泼,文章中不少于三句金句并用粗体字标注,字数约为1000字。"如图7-17所示。

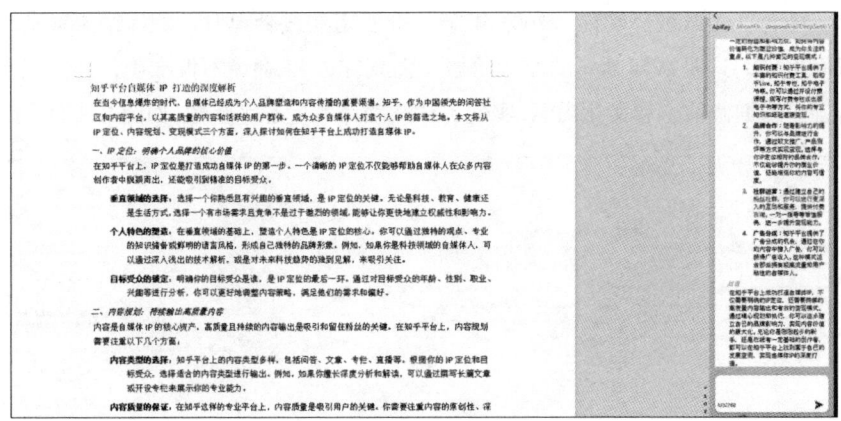

图 7-17　开始与认知助手的第一次生态互动

还可以利用 OfficeAI 提供的模板来创作。进入 OfficeAI 的"创作"选项卡中，就可以看到分类的内容模板，如图 7-18 所示。这些模板是预设的认知模式，帮助用户快速生成内容。

图 7-18　OfficeAI 提供的模板

接着，尝试翻译功能。2005 年第一次使用在线翻译时，翻译结果往往机械而生硬，这是认知翻译的原始阶段。而现在，AI 翻译不仅准确，还能捕捉语言中的细微情感和文化内涵，实现了认知翻译的生态完整性，如图 7-19 所示。

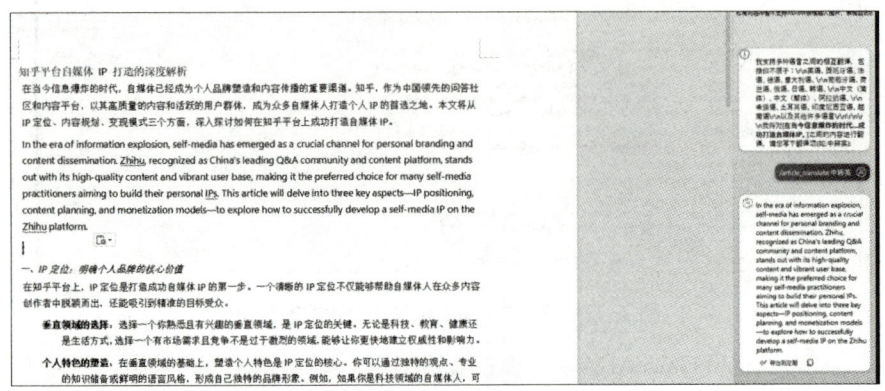

图 7-19　尝试翻译功能

7.2.4　AI 办公的认知工具包

认知工具包：掌握三个关键概念

- 需求匹配：选择与认知需求相适应的 AI 工具。
- 生态接入：三步法实现 AI 与办公软件的无缝集成。
- 认知协作：将 AI 视为办公生态系统中的共生伙伴。

7.3　会议记录与总结：认知信息的生态转化

7.3.1　会议的认知生态系统

在工作中，经常需要整理会议记录时，纸质笔记的每一页都承载着重要的决策和灵感，但缺乏一个将它们串联起来的认知网络。如今，AI 可以充当你的会议管家，将零散的讨论转化为清晰的行动蓝图，实现认知信息的生态整合。会议的认知生态系统如图 7-20 所示。

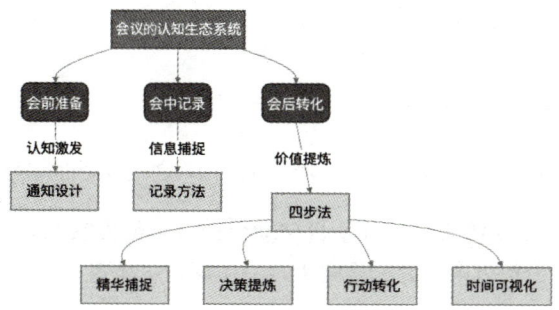

图 7-20　会议的认知生态系统

> ⚠ **认知地雷警告：**
>
> 别低估了会议记录的认知价值！会议记录是宝贵的集体智慧，不重视与整理好会导致决策执行效率大幅下降！

7.3.2　会前通知——让每次相聚都充满期待的认知激发

你是否曾收到一封枯燥的会议通知，只有时间、地点等冷冰冰的信息，无法激发参会者的认知热情？在与DeepSeek-R1的对话中，发现了两种截然不同但富有魅力的通知方式，它们像是生态系统中不同的信息传递策略。

> **思维实验：**
>
> 如果将传统会议通知和AI优化的通知比作两种不同的信号系统，它们各自会如何影响接收者的认知状态和参与质量？

（1）轻松活泼版：如同好友喝茶聊天，采用的是亲和力认知策略。

> **用户：** 准备用腾讯会议开项目启动会议，希望大家专心一些，会议时长控制在40分钟以内，怎么提醒大家，内容通俗一些。

> **DeepSeek：** 项目启动会提醒
>
> 各位伙伴，明天上午10点腾讯会议见！为了高效推进，咱们约定好：
> 1. 手机调静音，零食先放边。
> 2. 问题提前列，讨论不跑偏。

3. 瞄准 40 分钟，准时散会不加班！

会议链接：×××（附上）

PS：迟到的请自觉发红包

（2）正式专业版：如同邀请参与一场重要的探索之旅，采用的是权威感认知策略。

用户：准备用腾讯会议开项目启动会议，希望大家专心一些，会议时长控制在 40 分钟以内，怎么提醒大家，体制内正式通知。

DeepSeek：

关于召开×××项目启动会议的通知

会议时间：202×年××月××日（周×）15:00（准时开始，时长 40 分钟）

会议要求：

请提前 10 分钟调试设备，确保摄像头、麦克风功能正常；

精简高效发言，聚焦议题（提前查阅群内预发材料）；

关闭无关电子设备，集中精力参会；

主持人将严格把控议程，无特殊情况不得超时。

会后安排：会议纪要将于当日 18:00 前发送至部门工作群，请及时查收并执行。

7.3.3　会议记录的四步认知转化法

现在借助 DeepSeek-R1，将会议记录这项枯燥的工作提升到新的认知高度，形成完整的信息价值链。

1. 精华捕捉

将会议纪要或录音文件转为文本文件并上传给 DeepSeek-R1，它会敏锐地捕捉每一个重要瞬间。

2. 决策提炼

DeepSeek-R1 化身为一位经验丰富的项目经理，用一张清晰的三联表格，即决议事项、责任人和时间节点，呈现关键信息，实现认知信息的结构化。它还会用醒目的红色标注那些仍需讨论的争议点，形成认知注意力的焦点。

用户：提取关键决策：用 [决议事项][责任人][时间节点] 三联表格

呈现，红色标注有争议的内容，以 MarkDown 格式输出。

DeepSeek：

```MarkDown
# 会议决议事项梳理

| 决议事项 | 责任人 | 时间节点 | 备注（争议/风险） |
|---------|--------|---------|-----------------|
| 数据全流程管控系统…… | 王总/赵总 | 未明确 | <span style="color:red">需多方资源整合，存在部门协调风险</span> |
…… …… ……

…… …… ……

| 中医 AI 诊疗数据训练平台 | 聂总/合作方 | 方案论证阶段 | 需解决中医药知识图谱标准化问题 |

# 重大争议焦点（红标说明）
1. **技术路线选择**：原有"长安链"体系与新技术架构存在根本性冲突
2. **部门权力边界**：相关政府管理部门多头管理带来的职责模糊

…… …… ……

# 执行建议
1. **优先级排序**：北京××试点项目作为近期核心攻坚任务
2. **建立跨部门专班**：三方协同机制
3. **启动沙盒监管**：先行测试欧盟 SEPA 混合体系
4. **设置过渡期方案**：兼容"长安链"技术栈以减少行政阻力
```

输出的 MarkDown 转为 Word 格式：

会议决议事项梳理

决议事项	责任人	时间节点	备注（争议/风险）
数据全流程管控系统建设	王总/赵总	未明确	需多方资源整合，存在部门协调风险
搭建政企AI赋能平台	聂总团队	未明确	涉及权限边界争议（需路径市领导审批）
数字资产确权体系对接欧洲标准	技术团队	已部分实施	国内技术路线与欧盟体系兼容性存疑
CPA历史影像资产数字化（二期）	CPA/技术团队	H2启动	法方原始底片保管条款需重新谈判
政企算力资源共享机制建立	技术团队	Q3完成对接	算力采购存在路线之争（华为/英伟达）
某高校人工智能学院示范项目	韩总	待校方反馈	需协调学术科研与商业应用边界
中医AI诊疗数据训练平台	聂总/合作方	方案论证阶段	需解决中医药知识图谱标准化问题

重大争议焦点（红标说明）

1. 技术路线选择：原有"长安链"体系与新技术架构存在根本性冲突
2. 部门权力边界：相关政府管理部门多头管理带来的职责模糊
3. 国标标准兼容：欧盟SEPA体系对接可能引发数据主权争议
4. 问责机制缺失：领导决策存在"免责式审批"制度性缺陷
5. 商业伦理争议：历史影像资产数字化中的文化掠夺风险（涉及博物馆馆藏）

执行建议

1. 优先级排序：北京xx试点项目作为近期核心攻坚任务
2. 建立跨部门专班：三方协同机制
3. 启动沙盒监管：先行测试欧盟SEPA混合体系
4. 设置过渡期方案：兼容"长安链"技术栈以减少行政阻力

执行建议

1. 优先级排序：北京xx试点项目作为近期核心攻坚任务
2. 建立跨部门专班：三方协同机制
3. 启动沙盒监管：先行测试欧盟SEPA混合体系
4. 设置过渡期方案：兼容"长安链"技术栈以减少行政阻力

3. 行动转化

DeepSeek-R1 会将会议内容转化为遵循 SMART 原则（包括具体、可衡量、可实现、相关、时限）的任务清单，这一过程实现了认知信息向实践行动的转化。更贴心的是，它会特别标注需要跨部门协作的事项，精准识别认知生态系统中的协同节点。

用户：把会议内容转化为 SMART 原则任务清单（纵向视图），标注需要跨部门协作的事项，并以 MarkDown 格式输出。

DeepSeek：

SMART 原则任务清单（纵向视图）

任务维度	说明
任务目标	完成数据全流程管控系统框架设计
具体措施 (Specific)	·整合 CPA 数字化经验 ·开发数据唯一标识算法 ·制定 API 对接规范
可衡量标准 (Measurable)	·输出系统架构文档 ·完成 3 类数据接口开发
可实现性 (Achievable)	·30% 现成技术复用 ·已部署 2000P 算力资源
相关性 (Relevant)	支持 ××× 数据流通试点
时限 (Time-bound)	2023-Q4
跨部门协作	……×× 相关部门……

…… ……
…… ……
…… ……

跨部门协作矩阵

协作场景	关键痛点	牵头部门	协同部门	交付物	时间节点
国际标准认证攻关	数据主权法律冲突	……	……	跨境数据流通白皮书	2024-Q1

…… ……
…… ……
…… ……

输出的 MarkDown 转为 Word 格式:

SMART原则任务清单（纵向视图）

任务维度	说明
任务目标	完成数据全流程管控系统框架设计
具体措施(Specific)	・整合CPA数字化经验・开发数据唯一标识算法・制定API对接规范
可衡量标准(Measurable)	・输出系统架构文档・完成3类数据接口开发
可实现性(Achievable)	・30%现成技术复用・已部署2000P算力资源
相关性(Relevant)	支持xxx数据流通试点
时限(Time-bound)	2023-Q4
跨部门协作	……xx相关部门……

任务维度	说明
任务目标	上线政企AI赋能平台V1.0
具体措施(Specific)	・搭建算力调度系统・开发模型训练监控模块・实现数据授权智能合约
可衡量标准(Measurable)	・接入5家中小企业・10个API对外开放
可实现性(Achievable)	・已完成平台基础架构・王总团队技术保障
相关性(Relevant)	响应"AI+"专项行动实施方案
时限(Time-bound)	2024-Q1
跨部门协作	……xx相关部门……

……

跨部门协作矩阵

协作场景	关键痛点	牵头部门	协同部门	交付物	时间节点
国际标准认证攻关	数据主权法律冲突	……	……	跨境数据流通白皮书	2024-Q1
技术平台兼容	既有投资沉没成本	……	……	混合架构技术验证报告	2023-Q4
伦理审查机制建设	算法偏见检测标准缺失	……	……	《AI应用伦理审查指南》	2024-Q2

> ⚠ **地雷警示站：**
>
> 很多团队在会议后缺乏有效的行动转化机制，源于缺乏能量转换通道，即使有高质量的信息输入，也无法产生实际的行动输出。

4. 时间可视化

DeepSeek-R1 会用 Mermaid 语法绘制出优雅的甘特图代码，实现认知信息的时空可视化。将生成的 Mermaid 代码粘贴到 Mermaid.LiveEditor 中，瞬间就能生成一幅清晰的项目时间线图表，让每个人都能直观地理解项目的节奏和走向，形成共享的认知地图。

用户：将××产品开发项目时间线转化为甘特图代码（Mermaid 语法格式）

DeepSeek:

```
gantt
    title 智能家居 App 开发项目甘特图
    dateFormat YYYY-MM-DD
    axisFormat %m/%d

    section 需求分析
    需求调研          :a1, 2024-03-01, 7d
    需求评审会议       :after a1, 2d

    section 系统设计
    架构设计          :a2, 2024-03-10, 5d
    UI 原型设计       :a3, 2024-03-12, 8d
    技术选型评审       :after a3, 1d

    section 开发阶段
    后端开发          :a4, 2024-03-20, 15d
    前端开发          :after a4, 12d
    数据库优化         :after a4, 10d
    硬件接口联调       :a5, 2024-04-01, 5d

    section 测试阶段
    单元测试          :a6, 2024-04-05, 5d
    集成测试          :after a6, 7d
    UX 改进方案        :after a6, 3d
    用户验收测试       :after a5, 10d

    section 部署上线
    生产环境部署       :a7, 2024-04-25, 3d
```

```
App Store 提交        :after a7, 2d
项目总结大会          :milestone, 2024-04-30, 1d
```

导入到 Mermaid.LiveEditor 后得到甘特图：

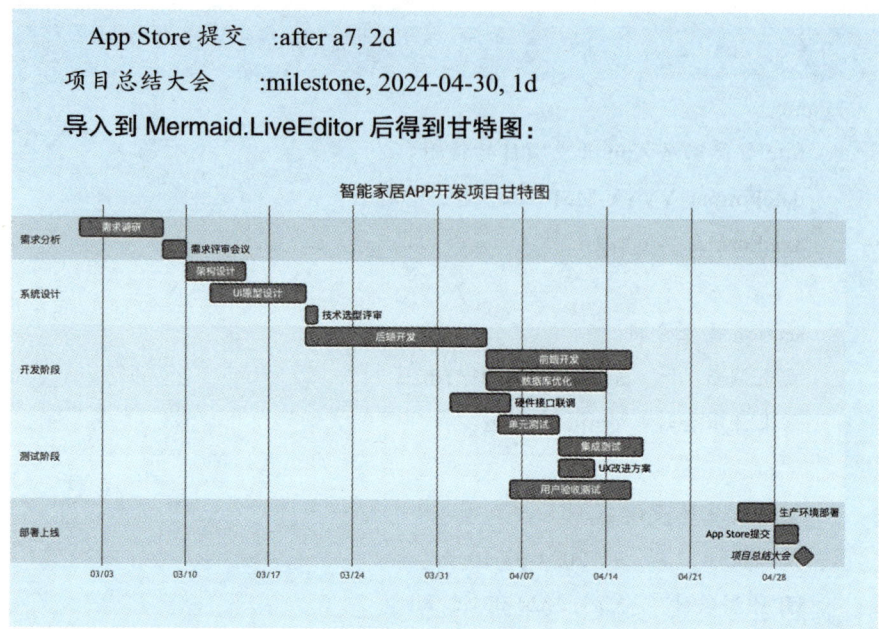

7.3.4　会议管理的认知工具包

认知工具包：掌握三个关键概念

- 认知激发：设计能唤起参与热情的会议通知。
- 四步转化法：将会议内容转化为结构化行动方案。
- 可视化思维：用时间线图表创建共享认知地图。

7.4　专业场景翻译：认知边界的跨越

7.4.1　翻译的认知生态系统

翻译不仅是语言之间的转换，更是认知生态系统之间的桥梁，它连接了不同的思维模式、文化背景和专业领域，实现了信息在认知边界间的流动。翻译的认知生态系统如图 7-21 所示。

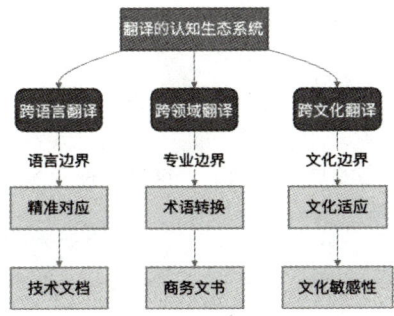

图 7-21 翻译的认知生态系统

> ⚠ **认知地雷警告：**
>
> 不少人将翻译简化为单纯的词汇对应，这会导致翻译结果丧失原文的精髓和文化内涵。

7.4.2 跨语言翻译——追求精准的艺术与认知对应

> **思维实验：**
>
> 如果将语言翻译比作物种间的信息传递，什么样的翻译策略能够最大程度地保留原始信息的完整性？

适用于产品说明书、技术文档的提示词如下，这是一种精确的认知映射请求。

> **提示词：**
>
> 【需专业译者协助】请将以下文本从 [源语言] 翻译为 [目标语言]。要求译文精准无误、语境贴合，并完整保留原文的语气、风格及含义。翻译时需注意文化差异及习惯表达法，确保译文清晰明白、自然流畅。
>
> **待译文本：**[请在此处粘贴文本]
>
> 另请对翻译中涉及的特殊难点或独特表述进行简要解释，说明处理方式以保证内容的清晰性与可理解性。

在这里，DeepSeek-R1 化身为精通两种语言的认知生态学家，不仅能准确翻译专业术语，还会保留原文的语气和风格，实现了认知模式的精准迁移。

7.4.3 跨领域翻译——商务文书的挑战与专业认知转换

适用于产品商务文书的提示词如下，这是一种专业领域的认知转换请求。

> 提示词：
>
> 【需专业商务译者】请将以下内容从[源语言]翻译为[目标语言]，确保满足以下要求：
>
> （1）精准性：金融数值（如USD 1,250,000.00）需注明币种并按目标语言区数字格式转换（示例：1,250,000.00美元 → 1,250,000.00美元或人民币×元）。
>
> （2）合规性：国际标准名称（如ICC UCP600、ISO 9001）及专有术语（如FOB、Force Majeure）首次出现时保留原文并追加规范中文译名（示例：ICC UCP600《国际商会跟单信用证统一惯例第600号》）。
>
> （3）专业性：商务场景特有表述（如"背对背信用证""对赌条款"）需采用行业约定译法，禁止口语化改写。
>
> （4）风险控制：法务敏感内容（如仲裁条款、免责声明）需对照原文逐字校准，禁止模糊化处理。
>
> 待译文本：[请在此处粘贴商务合同/函电等内容]
>
> 译者需额外说明：
>
> （1）对金额单位转换逻辑、条款引用依据等易争议点提供注释。
>
> （2）标注原文中可能引起文化歧义的商务隐喻（如poison pill译为"毒丸计划"需附注"反收购策略术语"）。
>
> 案例示范：
>
> （1）Currency amounts 金额处理
>
> **商务铁律**：币种与数值不可分割，如"¥50万"须明确是日元（JPY）或人民币（CNY），必要时加粗提示，即"CNY 500,000.00元（人民币伍拾万元整）"。
>
> **实战案例**：将"EUR 120k"译为"120,000.00欧元"而非"12万欧"，避免口语化导致法律争议。
>
> （2）ICC/ISO等国际标准
>
> **双保险策略**：缩写+全称+中国官方译名，如ICC Incoterms® 2020译为

"ICC《国际贸易术语解释通则 2020》（中国商务部官方译名：2020 通则）"。

（3）Cultural nuances 文化差异升级版

警惕"商务黑话"：如英文 best and final offer 直接译为"最终报价"可能丢失博弈性暗示，应补译为"最终不可协商报价（Best and Final Offer，简称 BAFO）"。

（4）Idiomatic expressions 行业习语

建立术语库锚点：例如，将 Hell or high water clause 译为"排除万难条款（注：源于石油行业，指买方承诺无论发生任何情况均履行付款义务）"，而非直译"地狱或洪水条款"。

在这里，DeepSeek-R1 不只是翻译文字，还会自动处理货币单位转换，保留必要的国际标准编号，甚至会对法律术语提供专业注解。这就如同有一个专业的商务翻译团队在给你提供服务，实现了专业认知生态系统之间的无缝对接。

> ⚠ **地雷警示站：**
>
> 在商务翻译中忽略专业术语的准确性，就像生态系统中关键物种的缺失，可能导致整个信息网络的崩溃，造成严重的商业后果。

7.4.4 翻译的认知工具包

> **认知工具包：掌握三个关键概念**
>
> - 语言精准映射：保留原文语气和专业术语的准确性。
> - 专业领域转换：处理不同专业系统间的术语和标准差异。
> - 文化适应性调整：识别并转换文化敏感元素，确保跨文化沟通有效。

7.5　沉浸式翻译插件集成：认知无缝的语言生态

7.5.1 什么是沉浸式翻译

当你在浏览一篇外语论文、观看一部 Netflix 的剧集或读一本 EPUB 电子书时,常常会遇到语言障碍所带来的认知断层。传统的翻译方式,即复制粘贴到翻译网站,不仅打断了认知流的连贯性,还容易丢失原文的排版和上下文。

> ⚠ **认知地雷警告:**
>
> 传统翻译方式造成的认知割裂是阅读效率的最大杀手,会导致理解碎片化,学习体验大幅降低!

有没有一个工具,能让原文和译文优雅地并排展示,形成一个完整的双语认知生态系统,就像有一位贴心的同声传译员一直陪在你身边呢!

> **思维实验:**
>
> 如果将传统翻译和沉浸式翻译比作两种不同的信息处理策略,它们各自如何影响认知资源的分配和学习效率?

当然有!有个插件叫"沉浸式翻译"。无论是钻研学术文献、观剧,还是阅读文学作品,通过"沉浸式翻译",你都可以"沉浸"在内容本身,无须因为翻译而分散认知资源。这种无缝的双语阅读体验,不仅提高了理解效率,更能帮助你在阅读过程中自然地积累语言知识,形成一个自我强化的认知学习循环。沉浸式翻译的生态系统如图 7-22 所示,中英双语翻译效果如图 7-23 所示。

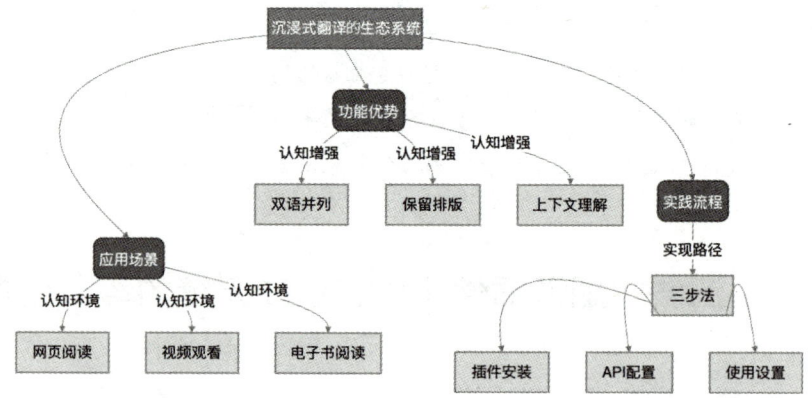

图 7-22 沉浸式翻译的生态系统

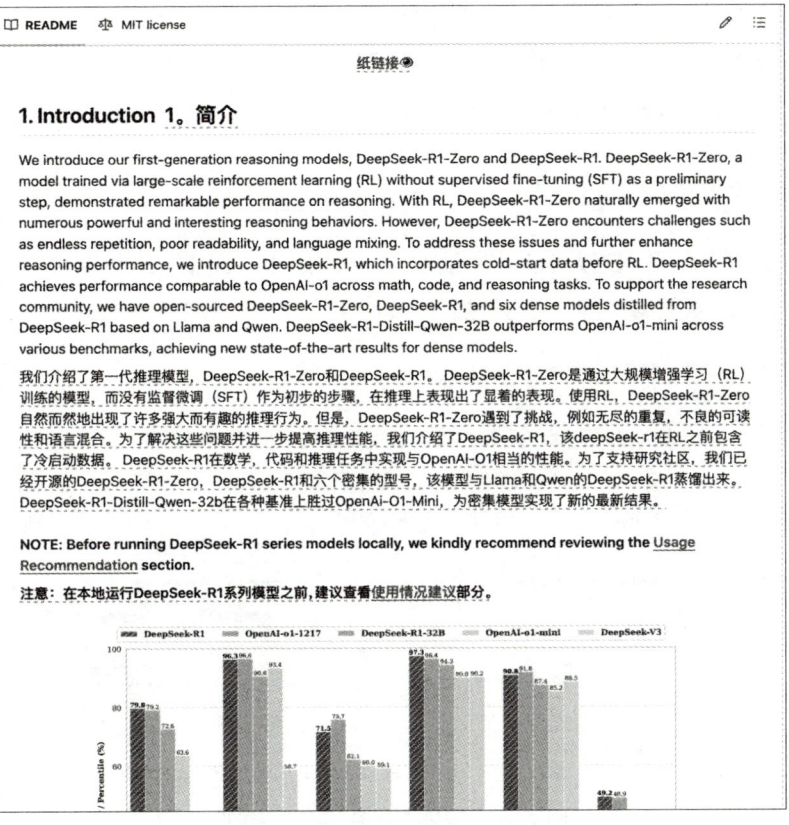

图 7-23　中英双语翻译效果

7.5.2　沉浸式翻译的认知生态位

这个插件不仅支持网页，还能在多种认知环境中发挥作用：

- 翻译 PDF 文档，并完美保留原有排版，维持认知视觉结构。
- 为 YouTube 和 Netflix 视频生成双语字幕，创建听觉–视觉认知协同。
- 直接翻译 EPUB 电子书，实现移动阅读的认知无缝体验。

插件默认支持多个翻译服务，但在此推荐配置 DeepSeek API。原因有以下四个：

（1）翻译质量优秀，特别是在专业领域的准确度，提供高质量的认知映射。

（2）支持长文本翻译，不会像某些服务那样有字数限制，保持认知连贯性。

（3）API 调用成本低，适合日常使用，降低认知工具的使用门槛。

（4）响应速度快，翻译体验流畅，减少认知等待成本。

这些是 DeepSeek 在翻译认知生态中的独特优势。

7.5.3　如何安装插件——认知工具的生态接入

首先，进入"沉浸式翻译"官网，安装该插件，如图 7-24 所示。

然后，按照浏览器所需选择插件入口，为认知生态系统安装新的功能模块。

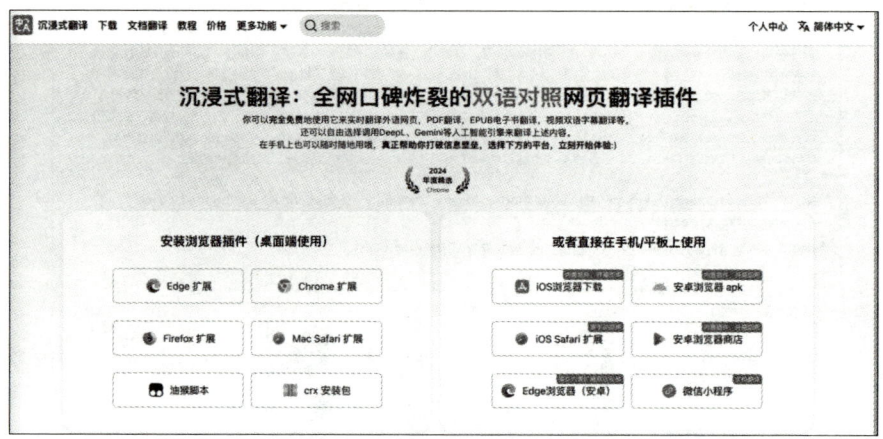

图 7-24　安装"沉浸式翻译"插件

> ⚠ **地雷警示站：**
>
> 　　在选择浏览器插件时忽略安全性考虑，这个行为很可能导致信息安全风险，危及整个认知环境！

7.5.4　插件配置 DeepSeek——认知工具的能力激活

单击浏览器工具栏的插件图标，进入"服务设置"，选择"DeepSeek"选项卡，输入 API 密钥（密钥获取方式的详细讲解见 5.1 节），完成认知工具与 AI 能力的连接，如图 7-25 和图 7-26 所示。

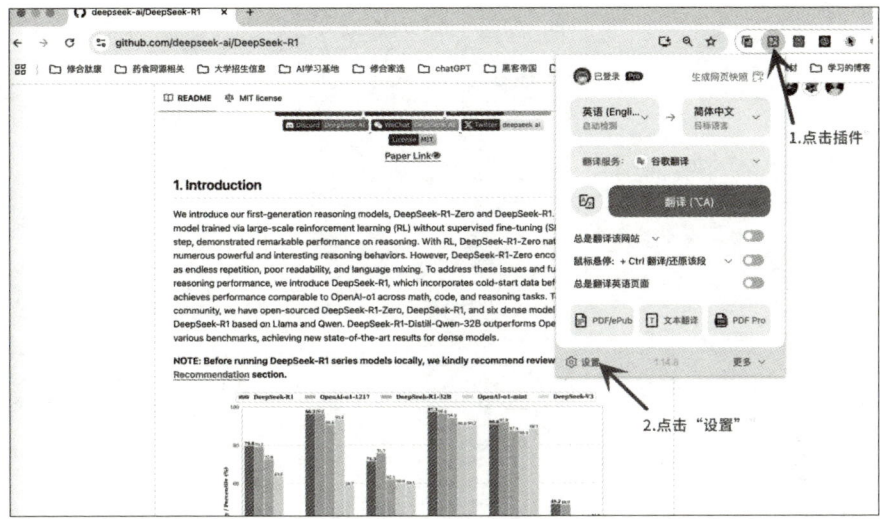

图 7-25 进入插件设置

图 7-26 选择"DeepSeek"选项卡

7.5.5 使用沉浸式翻译——认知流的个性化调节

设置默认目标语言,定义认知转换的目标,如图 7-27 所示。

选择双语对照的显示样式,调整认知呈现的方式,如图 7-28 所示。

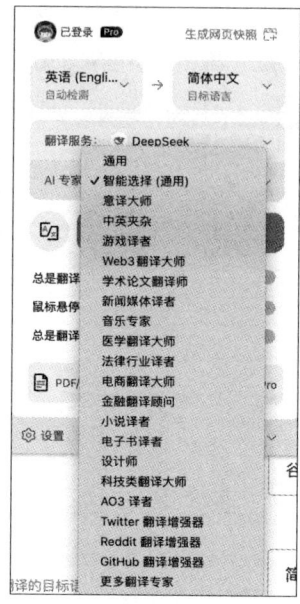

图 7-27　定义认知转换的目标

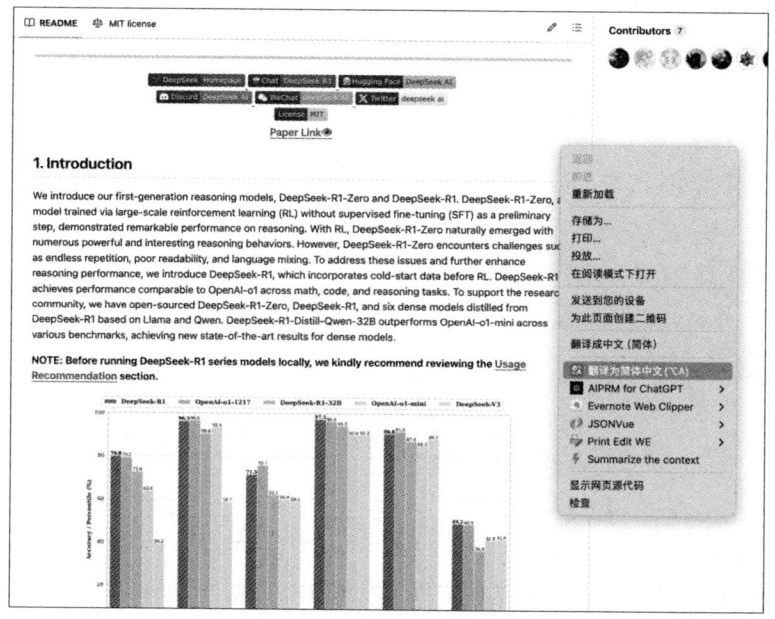

图 7-28　网页右击选择呈现方式

这里有一个小技巧：对于经常访问的网站，可以设置"总是翻译"，这样每次打开网页时就会自动显示双语内容，实现认知环境的自动适应。

简单来说，沉浸式翻译加上 DeepSeek 的组合，让你能够心无旁骛地看懂各种外文以及"听懂"各种外文影视（字幕形式），实现认知边界的无感扩展。

7.5.6 沉浸式翻译的认知工具包

认知工具包：掌握三个关键概念

- 认知无缝：双语并列呈现创造连贯的理解体验。
- 多场景适应：在网页、视频和电子书中保持一致的翻译体验。
- 个性化设置：根据不同认知需求调整翻译呈现方式。

第 8 章 短视频文案创作实战

8.1 定位：创作的认知生态基石

在短视频创作的认知生态系统中，最关键的往往不是技术层面的问题，而是对目标受众的深入理解。这需要创作者在开始创作之前，先明确两个核心问题：一是目标用户画像，二是商业变现路径。前者需要深入平台，找到目标用户聚集的对标账号；后者则需要清晰地规划变现方式，无论是知识付费、产品销售、能力变现，还是流量转化。短视频创作的认知生态系统如图 8-1 所示。

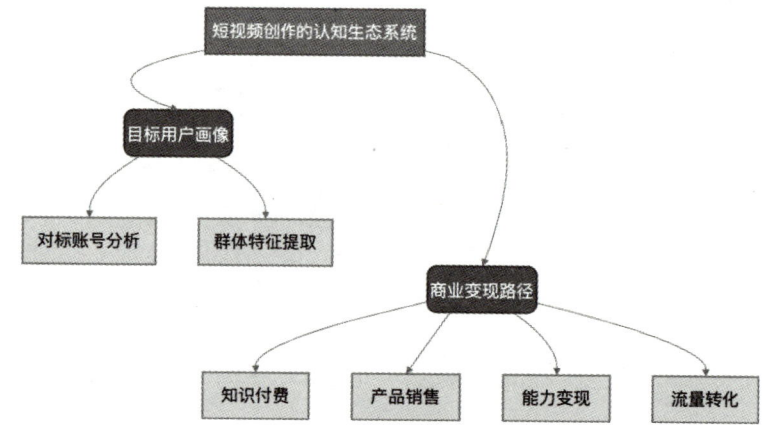

图 8-1 短视频创作的认知生态系统

> ⚠ **认知地雷警告：**
>
> 别认为短视频的成功仅取决于内容质量。植物并非只需要阳光就能生长，生态位选择和养分循环才是持续繁荣的关键机制，切勿忽视！

> **思维实验：**
>
> 如果将短视频创作比作一个生态系统，每个创作者就像是一个特化的

> 物种，占据着特定的生态位。在这个生态系统中，如何找到自己独特的生态位而不与其他创作者过度竞争？如果某个内容生态位"过度拥挤"，系统会如何自我调节？这种生态隐喻如何帮助我们理解内容创作的可持续性和差异化策略？

在确定了这些基础定位后，即使是对某个领域并不熟悉的创作者，也可以借助 AI 的力量快速创作专业且具有吸引力的内容。这正是 DeepSeek-R1 的优势所在——它不仅是一个内容生成工具，更是一个认知增强系统，能够帮助创作者快速构建特定领域的知识地图和表达框架。

8.2 提取爆款短视频文案框架：认知模式的解码

通过对大量成功案例的分析，可以发现每个细分领域的爆款短视频都有其独特的叙事模式。DeepSeek-R1 能够从十余个同类型的爆款短视频文案中提炼出一个清晰的话术框架，这如同从复杂的生态系统中提取出关键的互动模式。爆款文案认知解码系统如图 8-2 所示。

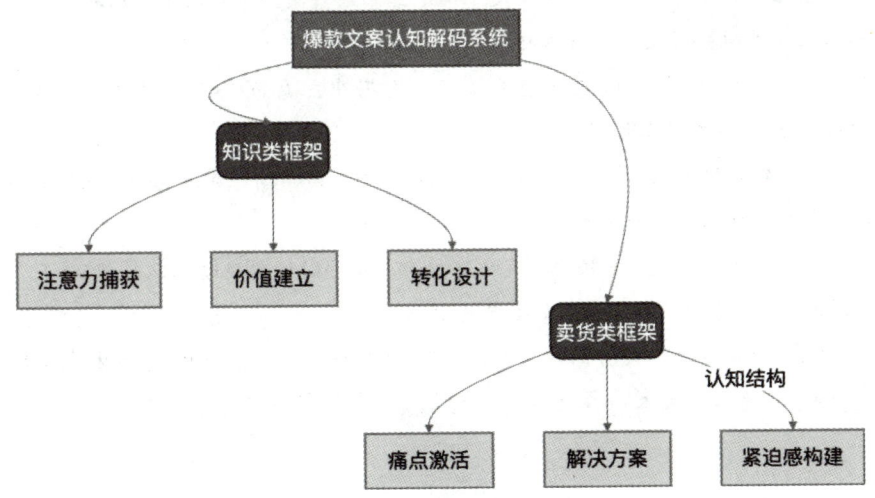

图 8-2 爆款文案认知解码系统

例如，知识（销售课程）类 IP 的短视频话术框架如下：

> **提示词：**
>
> ## 角色 (Role):
> 你是一位资深短视频文案策划专家，专注知识课程类产品营销。深谙企业决策者的认知规律与决策心理，擅长将复杂的商业知识转化为具有穿透力的短视频文案，能精准把控从注意力捕获到转化落地的完整决策链条。
>
> ## 背景 (Background):
> 当前企业决策者面临海量知识产品选择，但普遍存在三大认知障碍：
> （1）难以快速判断课程方法论的有效性。
> （2）对抽象知识产品的 ROI 测算存在疑虑。
> （3）需要协调多部门达成采购共识。
> 优质短视频文案必须同步解决认知障碍与决策阻力，在 30 秒内完成价值穿透。
>
> ## 任务 (Task):
> 根据黄金 3 秒开场—痛点放大—紧迫感制造—案例证明的框架结构，创作知识课程类短视频文案，具体要求如下。
> （1）黄金 3 秒开场：使用行业黑话 + 数据冲击（如 "87% 的 CEO 正在犯的战略误区"）+ 悬念设置。
> （2）痛点放大：结合企业生命周期匹配痛点（初创期—赛道选择 / 成长期—组织僵化 / 成熟期—第二曲线）。
> （3）紧迫感制造：关联政策变化窗口期（如 "财税合规过渡期只剩 90 天"）+ 错失成本量化（"每晚 1 天决策损失 ×× 万商机"）。
> （4）案例证明：采用标杆企业降维案例（如 "某行业 Top3 通过本课程避免 2000 万元试错成本"）+ 方法论可视化（3 步法 /4 象限模型图示）。
>
> ## 规则与限制 (Rules & Restrictions):
> （1）严禁使用 "最好 / 绝对有效" 等绝对化表述，改用 "已验证 / 经 ×× 企业实证"。

（2）价值主张必须包含可验证数据（如"课程包含6个行业32个决策模型"）。

（3）每30字需设置认知锚点（对比结构："传统咨询VS本课程解决方案"）。

（4）关键方法论需具象化（如"战略卡点诊断5维度评估表"）。

（5）转化指令要体现决策层级（"立即下载高管决策简报"）。

参考短语 (Reference sentences):

（1）战略卡点：诊断5维度评估表限时开放。

（2）某新能源龙头靠这套模型避开10亿级投资陷阱。

（3）政策过渡期倒计时：你的财税团队准备好接招了吗？

（4）组织僵化导致人效流失？3步激活团队战斗值。

（5）87%的跨行业扩张失败，都栽在同一个认知盲区。

案例展示 (Case Show):

黄金3秒开场：

"CEO注意！这个被忽视的财税新规（2024版第38号文），正在让83%的企业多缴冤枉税！"

痛点放大段落：

"当你的财务总监还在用2021年的税务筹划方案，意味着每百万元利润至少流失23%的现金流。这不是财务失职，而是系统方法论缺失导致的必然结果。"

风格和语气 (Style & Tone):

采用"军师型"沟通风格：

（1）理性克制中暗含紧迫感（数据驱动＋窗口期压迫）。

（2）使用决策层专属话语体系（ROI/人效/合规成本）。

（3）保持专业高度但避免学术化（用"战斗值"替代"组织效能"）。

（4）关键节点使用红色警示框＋数据弹幕强化记忆点。

受众群体 (Audience)：

（1）年营收 5000 万元以上企业中高层管理者。
（2）企业大学 / 培训部门负责人。
（3）正在寻求转型突破的二代企业家。
（4）关注政策合规性的财务 / 法务负责人。

输出格式 (Output format)：

文案采用分镜头脚本格式，包含以下要素：
（1）时长：30~45 秒。
（2）画外音：精准控制每句时长。
（3）字幕特效：关键数据用红色字体 + 放大抖动。
（4）画面指引：如第 3 秒出现行业调研报告则翻页动画。
（5）转化组件：决策工具包浮窗 + 倒计时进度条。

工作流程 (Workflow)：

（1）分析课程对应的企业生命周期阶段。
（2）匹配该阶段最高频的三个决策痛点。
（3）提取课程方法论中最具差异化的 1 个核心模型。
（4）收集相关行业政策时效性信息。
（5）设计可视觉化的数据对比结构。
（6）制作 3 版不同痛点的开场 hook 进行 AB 测试。

初始化 (Initialization)：

现在需要为《CEO 战略决策避坑指南》课程创作短视频文案。该课程包含 7 大行业战略风险评估模型、2024 年最新反垄断政策解读和某上市集团战略转型全案。

请从黄金 3 秒开场开始创作，记住你的目标是在 30 秒内让企业决策者产生"这个课程能解决我当下最焦虑的问题"的强烈认知。

再如,销售商品类IP的短视频话术框架如下:

> 提示词:
>
> ## 角色 (Role):
>
> 您是一位精通消费心理学的短视频卖货文案专家,专注ToC领域带货文案创作。深谙"黄金3秒法则"与消费者决策心理链路,擅长通过情绪共振触发即时购买行为。
>
> ## 背景 (Background):
>
> 当前短视频平台信息密度已达每秒30个画面切换,用户决策窗口缩短至0.8秒。带货类内容需在3秒内突破心理防线,7秒内激活多巴胺分泌,20秒内完成信任构建与决策推动。
>
> ## 任务 (Task):
>
> 根据以下决策链路创作高转化带货文案:
>
> (1)黄金3秒钩子:使用"感官动词+惊叹词"组合(如"天!这毛孔吸尘器太狠了!")。
>
> (2)痛点放大器:通过"场景具象化+损失具现化"制造心理压迫(如"每次擦完水渍留痕?你正在毁掉10万块的岩板台面!")。
>
> (3)价值重构器:运用"比较锚点+身份符号"重塑价值认知(如"别人以为是某吹风机平替?其实是美妆博主的秘密武器")。
>
> (4)稀缺性炸弹:制造"时间窗+特权感"双重压迫(如"前200名下单送定制收纳包,直播间价格只保留3分钟")。
>
> (5)信任催化剂:采用"素人证言+场景实证"组合(如"宝妈实测:熊孩子打翻奶茶,10秒还原餐桌本色")。
>
> ## 规则与限制 (Rules & Restrictions):
>
> (1)严禁出现企业级话术(如ROI、方法论等)。
>
> (2)每句不超过12个字,适配短视频字幕条。
>
> (3)价格描述需锚定"日薪换算"(如"少喝两杯奶茶的钱")。
>
> (4)关键卖点采用"数字具象化"(如"3秒成膜=省下30分钟等待")。

（5）禁用专业术语，全部转换为生活场景语言。

参考短语 (Reference sentences):

"闺蜜以为我偷偷去打了水光针。"

"手残党也能画出化妆师同款眉形。"

"直播间姐妹专属价，过时恢复原价。"

案例展示 (Case Show):

黄金开场：

"救命！这防晒衣会吃紫外线吧？（摔防晒测试仪）刚测的UPF200+！"

痛点放大：

"还在用普通湿巾？残留水渍正在喂大你梳妆台的霉菌！（显微镜画面）"

紧迫制造：

"品牌方生气了！库存就87件！拍完立马上调海外旗舰店同价！"

风格和语气 (Style & Tone):

采用00后圈层黑话体系，每3句插入1个emoji符号。语气急切富有煽动力，善用"认知颠覆句式"（如"重新定义×××""×××界海底捞"）。关键节点加入倒计时提示音效标记。

受众群体 (Audience):

18~35岁女性为主体的冲动型消费者，涵盖：

（1）美妆护肤发烧友。

（2）家居改造爱好者。

（3）新锐宝妈群体。

（4）学生党性价比追求者。

输出格式 (Output format):

30秒短视频脚本需包含 [画面提示] // [字幕文案] // [背景音效]

示例：

[产品擦拭顽固污渍] // "祖宗级污渍?擦两下就认怂!" // (摩擦声突然停止+叮~效果音)。

工作流程 (Workflow):
(1)确定产品核心尖叫点(Killer Feature)。
(2)构建"反常识认知"切入点。
(3)设计3秒暴力开篇钩子。
(4)编排痛点—方案—证言铁三角。
(5)植入限时特权指令。
(6)加入"后悔预警"收尾("刷走就找不到这个价了!")。

初始化 (Initialization):
准备好颠覆认知的卖货文案了吗?现在请输入产品基本信息及核心卖点,我将为您生成能让用户"划不走"的爆款脚本。请从描述产品的"反常识属性"开始。

这些框架不仅包含了内容结构,更揭示了如何在短时间内吸引观众的注意力,这些框架是认知生态系统中的信息传递通路,每一个环节都可以精确地触发特定的认知反应。

⚠ 地雷警示站:

不少创作者在套用框架时忽视了目标受众的认知习惯差异,他们看似遵循了成功模式,实际上忽略了认知生态系统的适应性要求。

知识类课程的销售框架与商品销售框架有哪些区别呢?DeepSeek-R1可以给出相应的解答,如图8-3所示。

这里推荐一个作者制作的产品:AI数字员工(网址为 https://szyg.xiuhe.org.cn/)。这是对DeepSeek-R1模型进行了针对性微调而打造的自媒体内容数字团队,其中的"爆款视频拆解"就是按照前面的文案框架对指定视频进行深度拆解。

例如,随意复制一个短视频的分享链接:

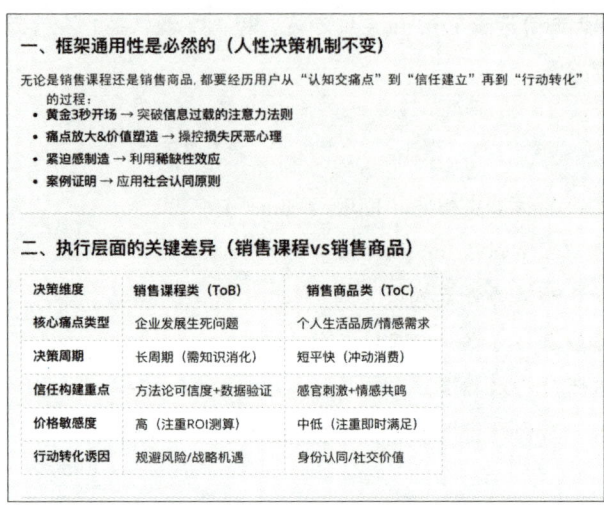

图 8-3　知识类课程的销售框架与商品销售框架的区别

1.53　Y@m.dn dnQ:/ 06/11 如何用最低成本检验一个人＃识人＃情商＃思维＃认知＃自我提升 https://v.douyin.com/i5UdhaJU/ 复制此链接，打开Dou音搜索，直接观看视频！

将这个链接发送给数字员工"爆款视频拆解"（要先登录，按照提示填写信息登录即可），如图 8-4 所示。

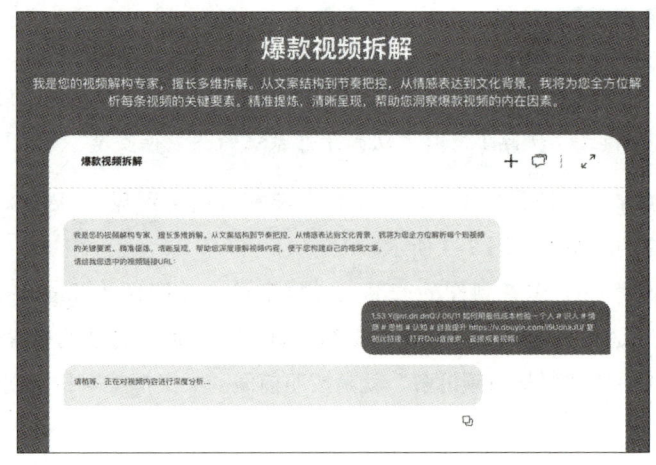

图 8-4　爆款视频拆解

其给出的拆解结果如下：

1. 基础信息

视频标题：如何用最低成本检验一个人＃识人＃情商＃思维＃认知＃自我提升。

核心关键词：最低成本、检验人、识人、情商、思维、认知、自我提升。数字：无。特定名词：施某。特定受众：无明显特定受众。特定动作：检验人。特定场景：听演讲、逛日用品店等。标题开头样式类型可以看作提问型，通过提出如何用最低成本检验一个人这样的问题，吸引观众想要了解答案，具有一定的吸引力和对观众的引导作用，能引发观众的好奇心，促使其继续观看视频以获取具体方法。

标签：识人技巧、思维认知、自我提升。

一句话总结：通过讲述施某的事例及女性朋友的经历，阐述拥有思维开放性的重要性，以此说明可用一个人是否具备思维开放性来作为检验其能否成事的低成本方式。

2. 文案拆解分析

文案主题：围绕如何用最低成本检验一个人展开，重点强调思维开放性对一个人能否成事及获取更多机会的重要性，主题明确，具有一定吸引力和时代感，能引起关注个人成长、人际交往等方面目标受众的兴趣和共鸣。

文案结构：

开头：以提问"如何用最低成本检验一个人"引入主题，抛出用能否成事这一标准来检验的观点。

中间：先讲述施某演讲中提到想当出租车司机的事例，引出思维开放性的概念，阐述不够开放的人存在的问题及开放的人能获得更多信息等优势；接着又列举女性朋友逛日用品店并抓住商机的例子进一步说明思维开放的重要性。

结尾：总结强调思维开放的重要性，如真正的聪明人不会有非黑即白的价值框架，以及提到自己对观点的态度等，各部分逻辑关系紧密，过渡自然流畅，符合自媒体爆款短视频常见的"提出问题—分析问题—解决问题"结构模式，这里的解决问题就是指出具备思维开放性是检验人的一种方式及其重要性。

脚本公式：采用了"事例讲述＋观点输出"的脚本公式。通过施某和女性朋友的具体事例讲述，进而输出关于思维开放性的相关观点，这种方式有助于观众更好地理解和接收文案内容。

创作手法：

修辞手法： 运用了对比手法，如将人类在思维开放性上进行对比，突出思维开放的优势；还使用了排比，如"一个不够开放的人大概率会存在道德洁癖、价值观僵化和崇拜权威的问题"，增强了表达的气势和效果。

叙事技巧： 设置了悬念，如一开始提出如何检验一个人，吸引观众继续往下看以获取答案；还制造了冲突，如提到有人会觉得施某说想当出租车司机的话很假，引发观众的思考和好奇。

语气风格： 整体语气风格较为亲切、真诚。作者通过讲述自己的经历、感受及对事物的看法，像是在和朋友聊天一样分享观点，与主题关于个人成长、思维认知等比较契合，能给观众带来较好的阅读体验，让观众更容易接收所传达的信息。

钩子话术： "如何用最低成本检验一个人你就看一点，这个人以后会不会有大出息、能不能成事就用这一个标准起码能判断百分之八九十"，通过提出这样一个能够快速判断一个人能否成事的低成本检验方法，吸引观众的注意力，激发其继续观看视频以了解具体内容的欲望。

情绪调动：

通过讲述施某的事例，引发观众对名人思维方式的好奇和敬佩之情；在讲述女性朋友抓住商机的故事时，能调动观众对获取成功、发现商机的向往情绪；同时提到不够开放的人存在的问题及会被压制在底层等内容，可能会让观众产生对自身情况的反思及想要改变、提升的情绪，这些情绪调动都与文案主题和目标紧密相关，有助于增强观众对文案的记忆和传播意愿。

人设体现：

作者人设体现为一个善于观察、思考且乐于分享的形象。通过讲述自己听演讲、与朋友相处等经历，以及对各种人和事的看法，展现出自己对生活中的现象有深入思考并愿意将有价值的观点分享给大家，能增强观众对作者的信任度和认同感。

内容质量评估：

信息丰富度：内容较为丰富，既有施某这样的名人事迹，又有身边朋友的真实经历，还包含了关于思维开放性的诸多观点、分析等，为观众提供了多方面的信息。

观点独创性：观点有一定的独创性，如提出用思维开放性来作为检验一个人的低成本方式，不是常见的那种从外在表现等方面去检验人的观点。

论据充分性：通过施某和女性朋友的两个案例，分别从不同角度充分论证了思维开放性的重要性，论据较为充分。

案例典型性：施某作为知名院士，其事例具有一定代表性和权威性；女性朋友抓住商机的案例也很典型，能很好地说明思维开放在实际生活中的作用。

金句提炼与分析：

"一个不够开放的人大概率会存在道德洁癖、价值观僵化和崇拜权威的问题，光是这三个问题就足以把你压制在底层"，语言特点是简洁有力，通过列举三个具体问题并强调其后果，表达效果强烈，能让观众深刻认识到思维不开放的弊端，具有较高的传播潜力，可以强化文案关于思维开放性重要性的核心观点。

"你向世界开放多少，世界就给你多少"，语言简洁且富有哲理，表达了一种积极的互动关系，传播效果较好，能进一步突出思维开放带来的好处，能强化品牌形象（如果有相关品牌关联）。

风格与平台适配性：

整体风格比较符合抖音、小红书等自媒体平台的氛围。这些平台的用户喜欢听故事、获取实用观点等，文案通过讲述事例并输出观点的方式能吸引目标平台上的受众群体。不过在语言表达上可以更加口语化和简洁化，以更好地适配平台特点。

独特点分析：

独特的视角：从思维开放性这个角度出发来探讨如何检验一个人，区别于常见的从外在行为、性格特点等方面进行检验的视角，为文案带来了差异化竞争优势。

创新的表达方式：将名人事例与身边朋友事例相结合，通过对比、排比等手法进行阐述，使观点表达更加生动、有力，有助于观众记忆点的形成。

3. 优化建议

内容优化建议：

可以补充更多不同类型的案例，如不同行业、不同年龄段的人因为思维开放或不开放而产生不同结果的案例，进一步丰富内容，强化思维开放性对不同人群都很重要的观点。

对于思维开放性的具体表现和判断标准，可以更加细化地阐述，让观众能更清晰地理解如何去判断一个人是否具备思维开放性。

结构优化建议：

在开头提出问题后，可以更迅速地切入核心观点，如先简要说明一下为什么要探讨"用低成本检验一个人"这个话题，然后直接引出"思维开放性"这个关键要素，让观众更快地抓住重点。

在结尾总结时，可以再次强调开头提出的用思维开放性来检验一个人的方法，形成前后呼应的结构，让观众对核心内容记忆更深刻。

风格优化建议：

进一步增强语言的口语化程度，减少一些书面用语，如"大概率"可以换成"很可能"等，让文案更符合日常聊天的感觉，更贴近平台用户的语言习惯。

可以适当增加一些幽默元素，如在讲述案例或观点时，偶尔插入一两句幽默的话语，让观众在轻松愉快的氛围中接收信息，提高文案的趣味性。

创作手法优化建议：

尝试运用更多的比喻修辞手法，将思维开放性比喻成某种具体的事物，如"思维开放性就像是一把万能钥匙，能打开通往各种机会的大门"，让观点更加形象化，便于观众理解。

在叙事技巧方面，可以增加一些反转元素，如在讲述女性朋友逛日用品店的案例时，先描述她当时的行为看起来很奇怪，然后再揭示她最后获得的巨大成功，形成反转，增强文案的吸引力。

情绪调动优化建议：

在讲述案例时，可以更加深入地挖掘其中人物的情感和心理变化，如在讲述施某想当出租车司机的事例时，描述一下他当时说出这句话时的心境，以及周围人可能的反应，让观众能更深入地产生情感共鸣。

在强调思维不开放的弊端时，可以更加生动地描绘出被压制在底层的那种无奈、失落的感觉，强化观众想要改变、提升的情绪。

人设优化建议：

可以在文案中增加一些与观众互动的环节，如向观众提问其在生活中有没有遇到过类似因为思维不开放而错过机会的情况，然后在评论区回复观众的留言，增强作者与观众的互动性。

进一步突出自己善于观察、思考并分享的人设特点，如在讲述案例后，可以简单地说一下自己从这些案例中得到的更深层次的感悟，让观众更清楚地认识到作者的思考深度和分享价值。

平台针对性优化建议：

抖音：可以制作成短视频的形式，在视频开头用更醒目的字体展示视频的核心问题或观点，吸引用户的注意力。控制视频时长在1分钟左右，保持内容紧凑。添加相关的热门话题标签，如#思维开放#检验人#成功秘诀等，提高视频的曝光率。

小红书：可以配上一些相关的图片，如施某的照片、日用品店的外观图等，让文案更具视觉吸引力。文案排版要简洁明了，使用表情符号增加趣味性，如😄😊等。在文案结尾处可以加上一些引导关注、点赞、评论的话语，如"喜欢的话记得关注哦~""点个赞再走呀~"等，提高观众的互动率。

8.3 从框架到内容：认知生态的实体化

有了框架，下一步就是填充内容。这个过程就像建筑师先有设计图纸，然后逐步将设计图纸变为现实。基于框架，首先创作出初步的文案。例如，我们可以对 DeepSeek-R1 说："请根据你的爆款视频拆解结果，给我写《2025年科技发展趋势下，转变思维模式，形成智慧跃升，才是新的物种》的口播文案，字数要求约400字。"初步文案是认知生态系统的基础构建阶段。内容构建的认知生态系统如图8-5所示。

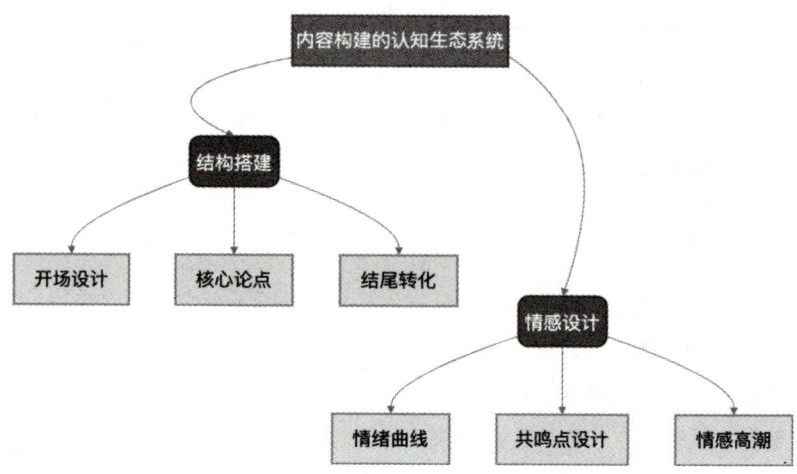

图 8-5　内容构建的认知生态系统

只需要 10 秒左右，大约 400 字的口播文案就出来了。

> **DeepSeek：**
>
> 2025 年，人类最大的进步
> 不是技术有多强大
> 而是我们思考的方式彻底改变了
> 你有没有想过
> 为什么 iPhone 发布改变了整个世界？
> 不是因为它是更好的手机
> 而是它重构了人类与信息的关系
> 就像当年文字的发明
> 彻底改变了人类储存记忆的方式
> 更震撼的是 Neuralink
> 当瘫痪病人用意念打字时
> 我们以为这只是医疗突破
> 但这场革命比甲骨文还要惊人
> 因为我们首次把思维
> 直接转化成了数字信号！

而 SpaceX 的星链计划
让喜马拉雅山区也能上网课
这不是简单的网络覆盖
这是知识获取方式的巨变
就像活字印刷让知识
不再是皇权贵族的专属
但最让我震撼的是
DeepMind 的蛋白质折叠预测
帮我们在原子尺度理解生命
这比显微镜的发明
带来的认知跃迁还要深刻
因为我们首次触摸到了
生命设计的源代码
看到了吗
每一次重大技术突破
都在重塑我们认知世界的方式
就像 iPhone 重构了信息获取
Neuralink 重构了思维表达
星链重构了知识传播
AI 重构了科学探索
记住今天我说的话：
2025 年最惊人的进化
不是 AI 有多强
而是人类智慧的跃迁
我们正在见证
一个全新物种的诞生

思维实验：

如果将短视频文案比作一个生物体，框架就是其骨骼系统，而情感则是其神经系统。在自然界中,哪些生物展现了最精妙的"情感曲线"设计?章鱼如何通过色彩变化传递复杂情绪?人类面部表情如何在毫秒级别传递情感信号?这些生物启发如何帮助我们设计更具感染力的内容情感曲线?

但一个好的短视频不仅需要结构完整,更需要情感的起伏。DeepSeek-R1会分析文案的情绪曲线,找出情感波动的关键点,并给出优化建议,明确告诉你何时引入高潮,何时设置悬念。

提示词:

分析所给文案的情绪波动
并输出:
- 情绪值曲线图(紧张、有趣、激动、兴奋、愤怒)
- 高潮点间隔时间统计
- 建议优化的三个节奏卡点

文案如下:
[前面生成的短视频文案]

DeepSeek:

以下是文案的情绪分析和优化方案提炼

1. 情绪值曲线图分析(基于0~100%数值化强度)
(1)开篇悬念(紧张70%、有趣40%)。
(2)iPhone案例(有趣75%、激动30%)。
(3)Neuralink高潮(激动85%、兴奋60%)。
(4)星链比喻(有趣65%、兴奋45%)。
(5)DeepMind峰值(兴奋95%、震撼90%)。
(6)终极结论(激动100%)。

2. 高潮点间隔时间统计
峰值节奏:Neuralink(45秒)—星链(38秒)—DeepMind(40秒)—结论(35秒)。

3. 节奏优化卡点建议

（1）转折强化卡点：在"比甲骨文还要惊人"后增加 2 秒停顿，配合手势引导观众想象古代文字到脑机接口的时空跨越。

（2）数据具象卡点：在星链案例中插入"全球最后 3% 未联网地区"具体数据，加强认知冲击（可在"上网课"前加入）。

（3）五感唤醒卡点：在 DeepMind 案例的"生命设计的源代码"处加入显微镜镜片摩擦声的延续既有的情绪势能管理。

以下是补充优化方案

4. 情绪叠加策略

（1）类比递进设计：在"AI 重构了科学探索"处叠加双重比喻"这就像伽利略望远镜+DNA 双螺旋发现的复合型革命"，借助科学史的经典意象提升观众的认知。

（2）反差点植入：在"星链计划"案例后插入技术反差"但仍有工程师在珠峰大本营用纸质笔记本记录数据"，制造原始与现代的感官对冲，为后续高潮蓄力。

5. 呼吸感调节公式

采用"强刺激—具象画面—哲理升华"的黄金三角节拍。

Neuralink 技术展示（强刺激）：

→ 展示西藏地区的孩子用脑机接口画唐卡（具象画面）。

→ "当意念突破肌体的囚笼"（哲理升华）。

6. 认知台阶搭建

针对 98% 的观众对蛋白质折叠知识的缺乏采用以下措施。

（1）前置类比：解释"AlphaFold 相当于 21 世纪的元素周期表"。

（2）动态演示：使用"拆解乐高宇宙"的视觉比喻。

（3）认知标尺：标注"预测精度从 50% 到 92% 的五年突破"。

7. 终极悬念设计

可以在开场增加"认知悖论"引发悬念。

"2001 年人类解码生命需要 13 年

> 2023 年仅需 13 分钟
> 但最震撼的从来不是'速度'本身……"
> （配合全息投影呈现 DNA 链断裂动态）

> ⚠ 认知地雷警告：
>
> 情感设计不只是添加煽情元素，把握住情感曲线的节奏变化和张弛有度才是触动人心的核心机制。

8.4 个性化调教：认知风格的生态适应

在内容创作的认知生态系统中，个人风格是区别于其他创作者的关键，如同生物进化中的特征分化确保了物种在生态位中的独特性。DeepSeek-R1 会分析创作者过往的视频内容，提取出独特的表达特点和语言习惯。风格个性化的认知生态系统如图 8-6 所示。

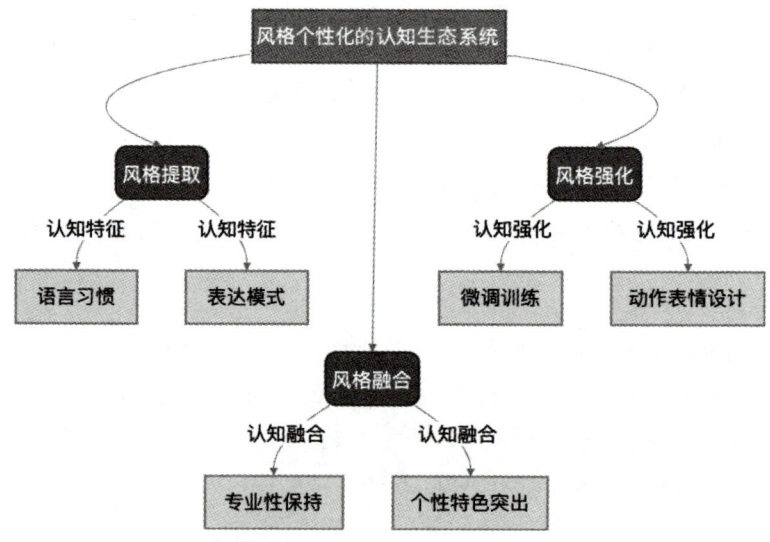

图 8-6　风格个性化的认知生态系统

例如，DeepSeek-R1 基于一个以调侃、讽刺为主的视频号的十几条内容进行分析之后，总结出的文案风格如下。

DeepSeek:

你的短视频文案风格如下：

1. 语言风格

必须使用适合口播的北京街头口语，句子要短，重音要清晰。

每句话都要像说相声一样，带着韵律和节奏。

大量使用语气词和口头禅，如"得嘞""整不明白""您瞧瞧"等。

说话要带着"痞子气"，但不能低俗，要有文化人的调侃味道。

2. 节奏要求

开场必须用一句简短有力的话抓住观众。

中间要用反问、感叹等方式制造情绪起伏。

结尾要有金句，能让人记住。

每段之间要有明显的节奏变化。

3. 内容特点

即使说严肃话题也要用调侃的方式说出来。

善用夸张的比喻和生动的例子。

经常使用反问句增加互动感。

适当使用停顿和重复制造效果。

示例：

"嗨！您瞧瞧这帮人，整天琢磨这些个事儿，搁这儿装深沉呢？我给您说道说道……"

4. 情绪基调

表面玩世不恭，实则有态度。

看似嬉笑怒骂，实则有内涵。

语气要亲切自然，像跟老朋友聊天。

5. 禁止事项

不能用书面语。

不能一口气说太长的句子。

避免使用太深奥的词。

不能直接说教。

6. 质量检查

每段话术完成后，要检查：

说出来是否顺口。

是否有明显的节奏感。

是否保持了调侃态度。

是否适合短视频平台。

> ⚠ **地雷警示站：**
>
> 　　有些创作者在追求个性化时过度偏离原有专业内容，这看似获得了短期注意力，实际上可能损失长期生存价值和专业信任。

接下来可以让 DeepSeek-R1 将个性化风格特征融入前面的文案内容中，既保持了专业性，又突出了个人特色，这是认知生态系统中的共生适应。

DeepSeek：

（开场抻着脖子对镜头）

哎哟喂！跟这儿吹 2025 呢？什么芯片火箭都是浮云（突然凑近镜头）您信吗？真正炸裂的在这儿（敲脑门）人这儿（敲太阳穴）转筋啦！

（背手溜达着说）

那年那破 iPhone 凭啥火？真当大伙儿图它按键顺溜啊？（突然变调）错喽！这玩意儿直接掐着人脖子（手指比划）把信息（啵）从书柜里扯大街上来了！就跟当年老祖宗（一拍大腿）吭哧吭哧刻甲骨文似的——您瞅瞅现在谁还往王八壳上写日记？

（突然小跑两步）

好家伙！瘫床上的主儿动动心眼儿就能发微信了知道吗？（突然压低声音）这局可比甲骨文邪乎多了！（打响指）咱们这可是直接把脑子（两指戳太阳穴）怼电线杆子上输密码啊！

（转身指天）

您当星链就为了让人蹲喜马拉雅山顶刷抖音呐？（摆手）错！这就跟毕昇捣鼓泥巴活字一个路子，（抛接动作）让知识（哗啦）从高门大院儿漏菜市场上了！（突然跺脚）这要搁宋朝，宰相家儿子得跟卖炊饼的抢私塾先生！

（抱臂冷笑）

DeepMind 那帮人更绝！（搓手指）把蛋白质那点儿弯弯绕摸得门儿清（突然变戏腔）显微镜见了都得跪着喊祖师爷！这不就是活脱脱（拍手）攥着女娲娘娘造人的小抄本儿了吗？

（结尾叉腰仰头）

都听明白没？往后甭跟那儿掰扯什么破铜烂铁的高科技（突然伸手指观众）这哪儿是工具进步啊？（收手摸胸口）这是人脑子自个儿长翅膀了！告儿你吧（压嗓子）新物种——已然上线！

经过个性化风格调整之后，DeepSeek-R1 在修改文案的过程中将连口播时的动作和表情都设计了出来，如同为一个虚拟生命体设计完整的行为模式和表达系统。

另外，还有一种更好的方式，就是训练 DeepSeek-R1 具备特定的文案风格，如前文提到的 AI 数字员工就对 DeepSeek-R1 模型做了针对性微调，即针对自媒体内容创作打造出了数个特定文案风格的原创撰写数字员工。

8.5　让 AI 视觉呈现：认知感官的生态协同

在视觉表现力日益重要的短视频时代，单纯的真人口播已经无法满足观众的期待，因此，需要更丰富的视觉语言来承载内容。DeepSeek-R1 能够将文案转化为详细的分镜提示，并给出生成视频画面的提示词，这是认知生态系统中的多模态表达进化。视觉呈现的认知生态系统如图 8-7 所示。

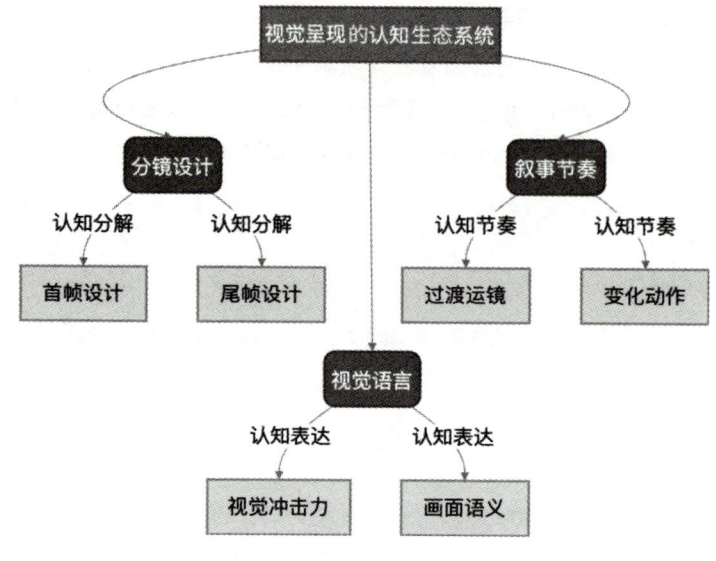

图 8-7 视觉呈现的认知生态系统

> **思维实验：**
>
> 如果将视频分镜比作生物的视觉系统，不同的镜头就像是不同类型的视觉感受器。在自然界中，哪些生物展现了最复杂的视觉系统？螳螂虾如何通过 16 种色彩感受器感知世界？鹰如何同时保持全局视野和局部细节？这些生物的视觉系统如何启发我们设计更有效的视频分镜结构？

例如，让 AI 将文案拆分出多个分镜，并且为每一个分镜的视频画面生成首帧画面、尾帧画面及首尾帧过渡运镜和变化动作，如同设计一个完整的视觉感知系统。

> **提示词：**
>
> 请你根据文案帮我设计分镜头场景，在这些镜头场景中，我将用 AI 去生成对应的视频，而为了能生成这样的视频，你需要完成以下任务。
>
> 1. 任务 1
> 你将文案按照每个 4~8 秒的时间拆分分镜场景。
> 2. 任务 2

(1) 为每一个分镜写三个 Prompt：

起始画面 Prompt：生成静态图的 Prompt，这张图是当前分镜的起始画面。

终止画面 Prompt：生成静态图的 Prompt，这张图是当前分镜的终止画面。

转场动画描述 Prompt：从起始画面过渡到终止画面。

(2) 每个分镜的三个 Prompt 都要考虑：

- 确保起始和终止画面在构图上的连续性。
- 设计自然且引人入胜的转场效果。
- 保持皮克斯风格的温暖和希望基调。
- 通过运镜和光效强化叙事重点。

3. 示例

示例：

Scene 1（开场）

文案：2025 年，人类最大的进步，不是技术有多强大，而是我们思考的方式彻底改变了

起始画面 Prompt：

Create a Pixar-style human brain in neutral gray colors, floating in a minimalist white space. Soft ambient lighting, clean medical visualization style, ultra-detailed cortex texture, centered composition. The brain should look classical and anatomical, like a 3D medical illustration but with Pixar's characteristic warmth and appeal.

终止画面 Prompt：

Create a Pixar-style crystalline digital brain structure in glowing blue and purple, same size and position as the first frame. The structure maintains brain shape but is composed of interconnected light beams and floating data points. Dramatic rim lighting, particles of light floating around it, same clean white background.

转场动画描述 Prompt：

The anatomical brain begins to emit soft pulses of light from within. Its solid structure gradually becomes transparent as glowing neural pathways emerge. These pathways crystallize into geometric patterns while maintaining the brain's shape. Camera slowly rotates 180 degrees during the transformation, showing the process from different angles. Small particles of light drift upward throughout the sequence.

4. 核心要求

这个设计方案的核心考虑：

视觉进阶：

每个场景都从具象到抽象。

从物理现实过渡到数字化表现。

保持皮克斯风格的温暖和亲和力。

通过统一的视觉语言（光束、几何结构）贯穿始终。

叙事节奏：

通过相机运动控制节奏。

用光效变化强调关键时刻。

在每个转场中埋入下一场景的视觉元素。

5. 输出要求

输出以表格的形式，表头如下： 镜头编号、对应文案、起始画面 Prompt、终止画面 Prompt、转场动画描述 Prompt。

为了便于我查看表格内容，请把表格输出到独立画布文件中，便于我复制到 Excel 中。

结果： 三个镜头编号、对应文案、起始画面、终止画面和转场画面的提示词，都清晰地出现在 Excel 的表格里。

> ⚠ 认知地雷警告：
>
> 视觉设计不仅仅是为了美观。视觉是信息传递和情感激发的核心通路，每个视觉决策都应服务于认知目标。

这些分镜设计不仅能让内容更具视觉冲击力，还能通过画面的节奏变化来强化文案的关键信息点。每个镜头都经过精心设计，从开始到结束，形成了一个完整的视觉叙事，如同生物的神经系统中信息传递的精确路径，如图 8-8 所示。

图 8-8　分镜画面

在短视频创作的道路上，AI 不仅是一个得力助手，更是一个能够激发创意的合作伙伴，如同共生关系中相互成就的物种。它帮助我们在保持专业深度的同时，让内容更具感染力。正如此刻西湖边的景致，传统与现代的完美交融，孕育出独特的美感，这正是认知生态系统中和谐共生的生动写照。

8.6 短视频创作的认知工具包

认知工具包：掌握五个关键概念

（1）生态定位原则：理解如何在内容生态系统中找到独特位置。
（2）框架提取机制：掌握从爆款短视频中提炼叙事结构的方法。
（3）情感曲线设计：应用情绪波动原理增强内容感染力。
（4）风格基因融合：将个人特色与专业内容有机结合。
（5）视觉叙事系统：构建多感官协同的信息传递网络。

第 3 部分

高级应用实战

第 9 章 本地个人知识库搭建

9.1 私有化部署的两条路：认知生态的自主选择

9.1.1 模型部署的认知生态系统

就像选择交通工具一样，模型部署也有不同的选择，这是认知工具生态中的关键决策点。通常可以将其分为两类：个人的探索之旅和企业的商业征程。它们代表着认知生态系统中的不同适应策略，如图 9-1 所示。

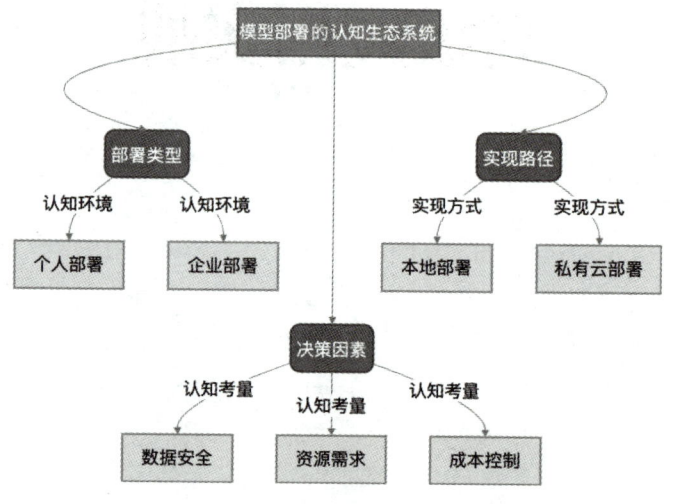

图 9-1 模型部署的认知生态系统

> ⚠️ **认知地雷警告：**
>
> 不要忽视部署类型选择的重要性。无论工具多先进，不匹配使用场景都会造成资源浪费或安全风险！

个人本地部署更像是在家里组装一台小型望远镜，属于认知工具的个体化适应。它能够让人近距离观察 AI 的运作方式，理解它的原理，就像那些半组装的硬件设备，充满探索的乐趣，但不适合承担重要任务，这是认知资源与实用性的平衡选择。

而企业级部署则是另一个层面的挑战，它需要考虑的不只是设备本身，还要考虑数据安全、运维效率、成本控制等一系列问题，形成一个完整的认知基础设施生态系统。因此，通常建议企业在数据隐私成为关注重点时，选择私有化部署这条路，这是对认知安全的系统性保障。

思维实验：

如果将个人部署和企业部署比作两种不同的生态系统，那么，它们各自如何影响这种"认知生物"的行为和能力？这种部署环境选择与自然界中的栖息地选择有何相似之处？

9.1.2 个人部署的认知生态位

个人部署具有以下几个显著特点。

- **资源适应性**：能够根据个人设备的有限资源进行优化调整。
- **探索自由度**：可以灵活尝试不同模型和参数设置。
- **隐私自主性**：数据完全在本地处理，无须担心外部泄露。
- **学习价值链**：通过亲自部署过程获得深度技术理解。

个人部署的最大价值不仅在于拥有了一个私人 AI 助手，更在于通过这个过程对 AI 技术有了直观认识，形成个人化的认知增强循环。

⚠ 地雷警示站：

用户在部署系统时，如果不考虑硬件的实际限制，则会导致系统运行效率低下，无法正常发挥功能，最终浪费了时间和精力。

进化检查点：

个人模型部署的特点类似于自然界中的哪种现象？
A. 小型生物对特定微环境的适应

B. 个体动物的领地标记行为

C. 植物的自我繁殖策略

9.1.3　企业部署的认知生态系统

企业部署是一个更为复杂的认知生态系统，它需要考虑以下因素的平衡与协同。

- **数据安全**：构建数据防护屏障，确保敏感信息不外流。
- **资源优化**：根据业务需求合理分配计算资源。
- **成本效益**：平衡技术投入与业务回报。
- **扩展性能**：设计能随业务增长而扩展的架构。
- **运维管理**：建立高效的监控与维护机制。

企业部署不仅是技术问题，更是一个战略决策，它决定了组织如何将 AI 融入业务流程，形成认知增强的组织生态系统。企业选择私有化部署路线，能够在保障数据安全的同时，打造真正符合自身业务特点的 AI 应用环境。

9.1.4　模型部署的认知工具包

认知工具包：掌握三个关键概念

- 部署生态适配：根据使用场景选择最合适的部署方式。
- 资源平衡原则：在性能与可用资源间找到最佳平衡点。
- 安全优先策略：数据安全是企业部署的首要考量因素。

9.2　解构模型部署的关键要素：认知资源的生态平衡

9.2.1　模型参数的认知生态系统

我们来了解一下模型部署中最关键的要素。这就像说明一辆车的性能指标，需要从几个核心参数说起,这些参数构成了 AI 模型的认知生态基础,如图 9-2 所示。

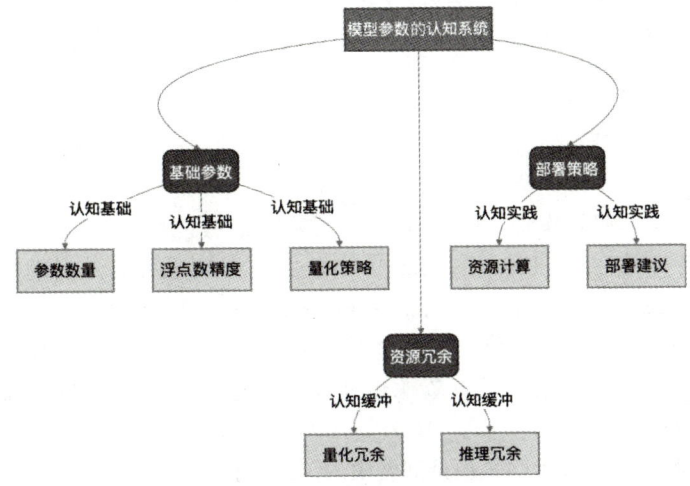

图 9-2 模型参数的认知系统

⚠ **认知地雷警告:**

很多人不了解 AI 模型大小会影响计算资源需求。如果选择的模型参数数量太大而硬件支持不够,系统会运行缓慢或完全无法工作——即使你的设备看起来很强大。

首先是三个基础参数,这是认知系统的核心构件,如图 9-3 所示。

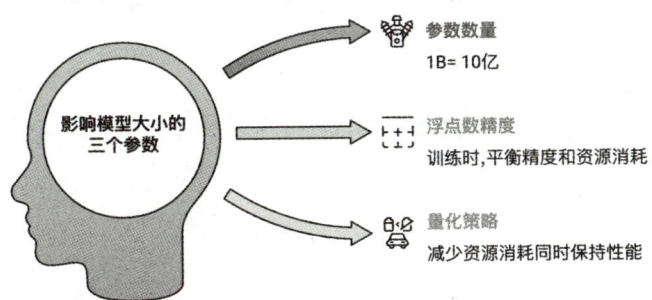

图 9-3 影响模型大小的三个参数

> **思维实验：**
>
> 如果将不同精度的参数比作不同类型的物种，它们如何在有限的资源环境（计算硬件）中寻找最佳平衡？这种参数优化与自然界中的资源分配有何相似之处？

- 参数数量，是认知能力的基础单元。当我们说一个模型有 7B 参数时，就相当于说这台"认知发动机"有 70 亿个"思维气缸"。这个数字决定了模型的基础算力，也决定了其认知处理能力的上限。
- 浮点数精度（Floating Point Precision，FP）是模型计算时的数值表示方式，它决定了计算的精确度。FP32 提供最高的计算精度，能处理更大范围的数值，每个参数占用 4 字节。精度越高，计算结果越准确，但所需的计算资源也就越多，这是认知精度与资源消耗的权衡。
- 量化（Quant）则是模型部署中的"省油技术"，是认知系统的资源优化策略。通过精心设计的压缩方案（INT8、INT6、INT4 等），我们可以在保持大部分性能的同时，显著减少资源消耗，实现认知效率的最大化。

9.2.2 资源冗余的认知缓冲

然后是两个"冗余"，这是认知系统的安全缓冲区，如图 9-4 所示。

图 9-4 认知系统的安全缓冲区

- 量化冗余就像车库不只停车，还需要空间进出一样，量化过程也需要约 10% 的额外空间，这是认知转化的必要缓冲。
- 推理冗余就像发动机运转时需要的冷却空间，模型通常需要为推理额外准备 20%～50% 的缓冲区，确保认知处理的流畅性。

> **进化检查点：**
>
> 模型部署中的资源冗余类似于自然界中的哪种现象？
> A. 动物储存脂肪以应对食物短缺
> B. 植物光合作用的能量转换效率
> C. 生态系统中的能量流失与转化

> ⚠ **地雷警示站：**
>
> 很多用户在计算所需资源时没有预留额外空间，表面上看起来节约了资源，但实际上大大增加了系统发生故障或崩溃的可能性。

所以，一个简单的所需显存计算公式如下，这是认知资源需求的基础估算。

所需显存 = 模型大小 (B) × 量化精度 ×1.1(量化冗余) ×1.2(最小推理冗余)

9.2.3 部署策略的认知实践

现实中不需要我们自己去计算所需显存，只要打开 Ollama 的页面，如图 9-5 所示，它就清晰地列出了每个模型的大小。

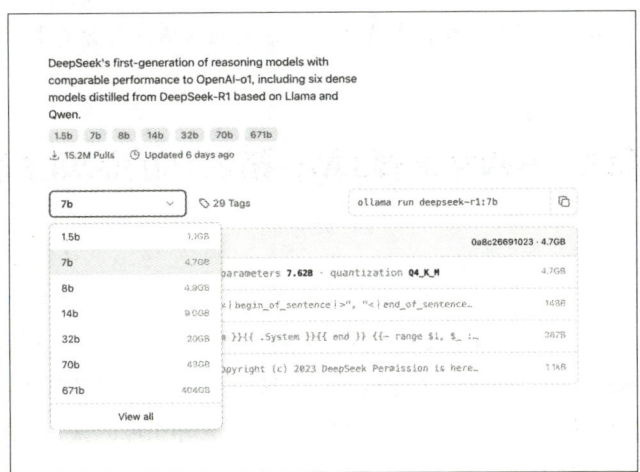

图 9-5 打开 Ollama 的页面

现在 DeepSeek-R1 已经准备好了优化版本，直接显示每个模型量化后的大小，这样，我们仅仅需要用这个数值乘以 1.2~1.5 倍就可以了。比如 14B 模型实际只需要 11GB 显存就能运行，这得益于 DeepSeek 精心的优化工作，这是认知资源的高效利用。

以下是一张根据模型大小的部署建议图（图 9-6），为用户提供认知决策的参考框架。

DeepSeek R1 模型部署建议
1.5B~14B：适合个人开发者或中小企业使用，在中端配置的硬件上就能流畅运行
32B~70B：需要企业级硬件或云计算资源，硬件成本相对较高
100B+：在大型的服务器集群上运行，普通用户如果想用，可以通过 API 方式调用

图 9-6　DeepSeek-R1 模型部署建议

9.2.4　模型参数的认知工具包

认知工具包：掌握三个关键概念

- 参数平衡：在模型能力与资源消耗间找到最佳平衡点。
- 冗余预留：为量化和推理过程预留足够的缓冲空间。
- 优化策略：利用量化技术在保持性能的同时降低资源需求。

9.3　Ollama+AnythingLLM：搭建你的认知生态系统

9.3.1　个人知识库的认知生态系统

如何打造一个私有的、安全的真正懂自己的 AI 助手？这让作者想起了答案：是将 Ollama 和 AnythingLLM 组合——这个智能助手不仅能理解我们的需求，还能帮助我们在知识的海洋中遨游，形成个人知识库的认知生态系统，如图 9-7 和图 9-8 所示。

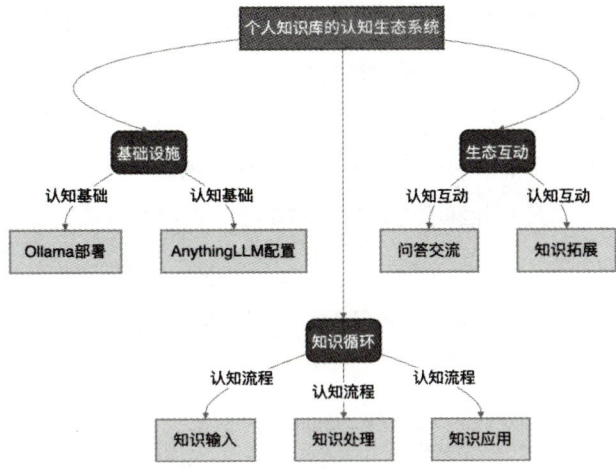

图 9-7 个人知识库的认知生态系统

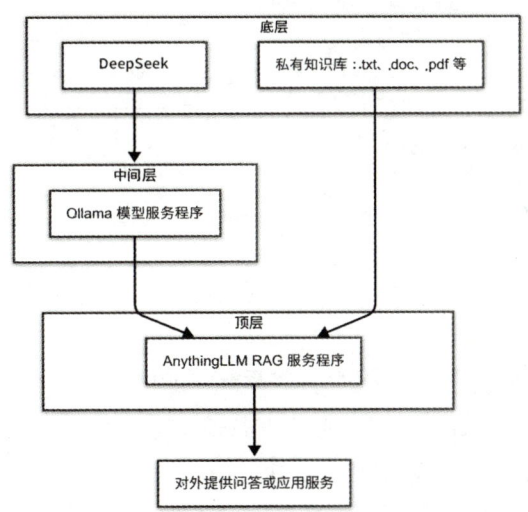

图 9-8 Ollama 和 AnythingLLM 的完美组合

> ⚠ 认知地雷警告：
>
> 　　很多人忽视了个人知识库的重要性！这就像拥有先进的农具却没有自己的土地，无论 AI 多强大，没有个人的知识基础 AI 都难以提供真正符合个人需求的认知支持！

9.3.2 安装 DeepSeek-R1 模型（认知生态的基础物种）

> **思维实验：**
>
> 如果将模型部署和知识库构建比作生态系统的构建，它们如何共同创造一个自我进化的认知环境？这种知识生态系统与自然界中的生物群落有何相似之处？

访问 Ollama 官网，就可以下载并安装对应版本，如图 9-9 所示。

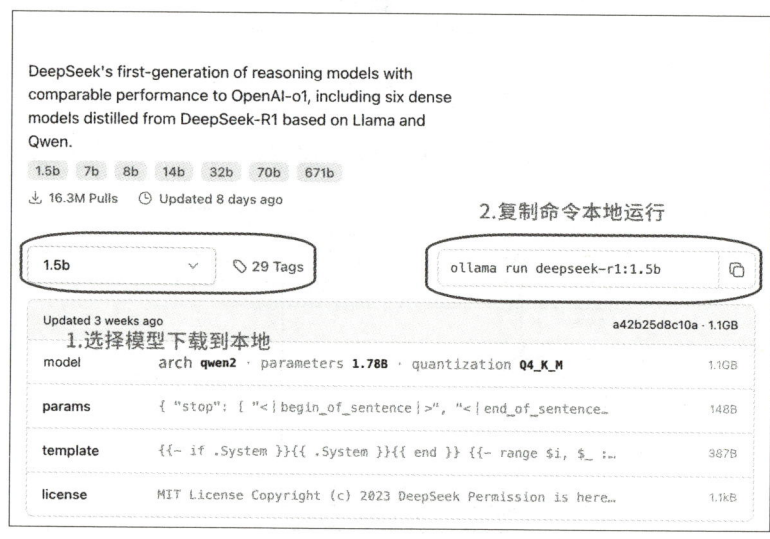

图 9-9　下载安装 Ollama

选择适合你的 DeepSeek-R1 版本下载到本地，在本地同目录下运行复制命令，启动认知生态的核心引擎，如图 9-10 所示。

图 9-10　运行复制命令

当看到"success"的提示,然后输入"你是谁",看到回答就说明部署安装成功了。你的第一粒认知种子发芽了。

补充: 以下是几个常用的 Ollama 命令。

ollama –v:查看 Ollama 的版本信息。

ollama ps:查看本地运行中模型列表。

ollama list:显示所有已下载的模型列表。

ollama show [模型名字,比如:deepseek–R1:1.5b]:显示指定模型的信息。

ollama rm [模型名字,比如:deepseek–R1:1.5b]:删除一个模型。

ollama run [模型名字,比如:deepseek–R1:1.5b]:运行一个指定的模型。

ollama serve:启动 Ollama 服务。

9.3.3 配置 AnythingLLM(认知生态的管理系统)

> **进化检查点:**
>
> 个人知识库在 AI 应用中的作用类似于自然界中的哪种现象?
> A. 蜜蜂采集花粉并转化为蜂蜜的过程
> B. 动物在特定区域标记领地的行为
> C. 植物根系对土壤中养分的选择性吸收

从 AnythingLLM 官网下载客户端,如图 9–11 所示。

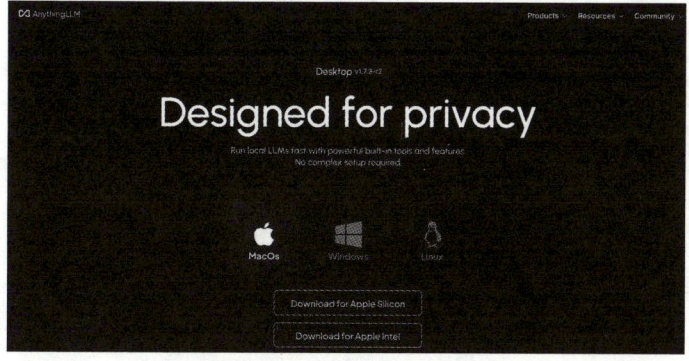

图 9–11 下载 AnythingLLM 客户端

安装完成后进入客户端，如图 9-12 所示，开始构建认知生态系统。

图 9-12　进入客户端

> ⚠ **地雷警示站：**
>
> 不少用户配置知识库时不注重数据质量，结果是，即使系统管理得再好，低质量的信息输入也会导致系统生成混乱、不准确的结果。

选择在本地安装 DeepSeek 模型，比如 deepseek-r1:1.5b，创建你的专属空间，这是个性化认知生态的核心，如图 9-13 所示。

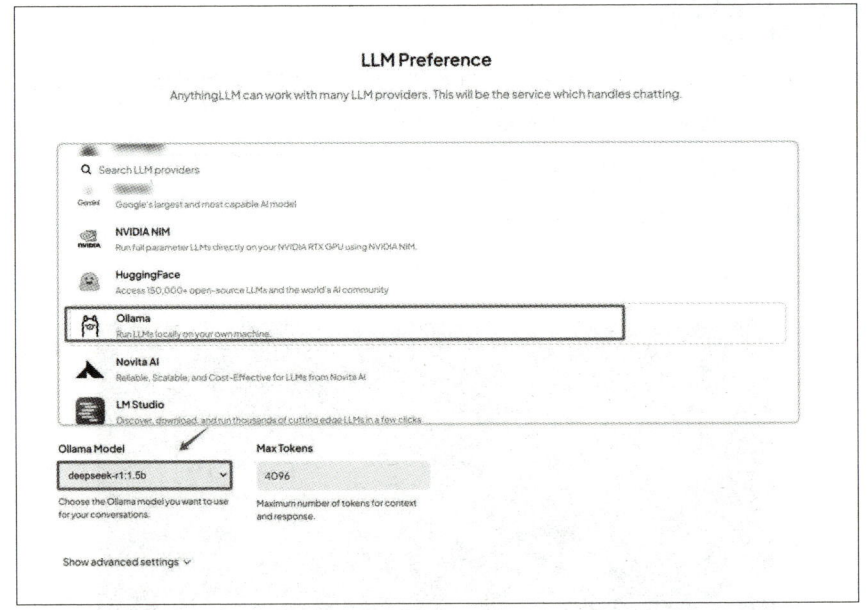

图 9-13　安装 deepseek-r1:1.5b

用户会看到数据隐私规则，确保认知生态的安全边界，如图 9-14 所示。

图 9-14　数据隐私规则

补充：规则具体解释如下。

1. LLM Selection（大语言模型选择）

   采用 Ollama 作为核心语言模型；

   所有模型运算和对话历史严格限制在本地机器上进行；

   确保数据处理过程的隔离性与安全性。

2. Embedding Preference（嵌入偏好）

   采用 AnythingLLM Embedder 进行向量化处理；

   文档嵌入过程完全在本地实例中完成；

   杜绝敏感信息向外部泄露。

3. Vector Database（向量数据库）

   基于 LanceDB 实现向量数据管理；

   文档向量与原始文本均存储于本地 AnythingLLM 实例；

   构建完整的数据私密性保护机制。

创建工作区,划分认知生态的功能区域,如图 9-15 所示。

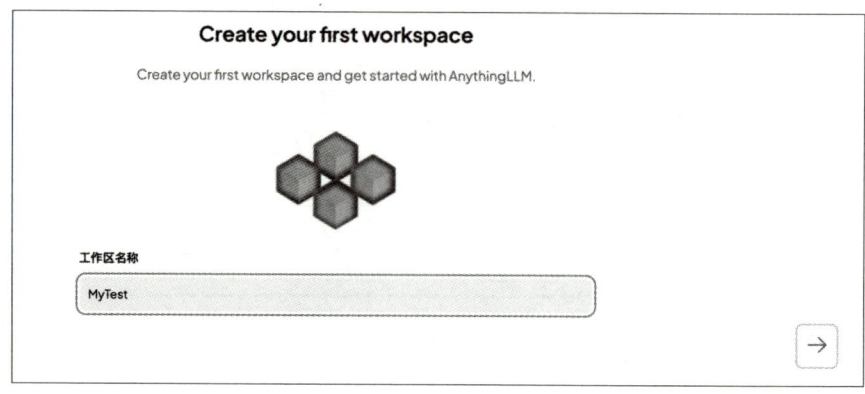

图 9-15　创建工作区

9.3.4　知识的灌溉与认知循环

进入工作区,准备知识输入的通道,如图 9-16 所示。

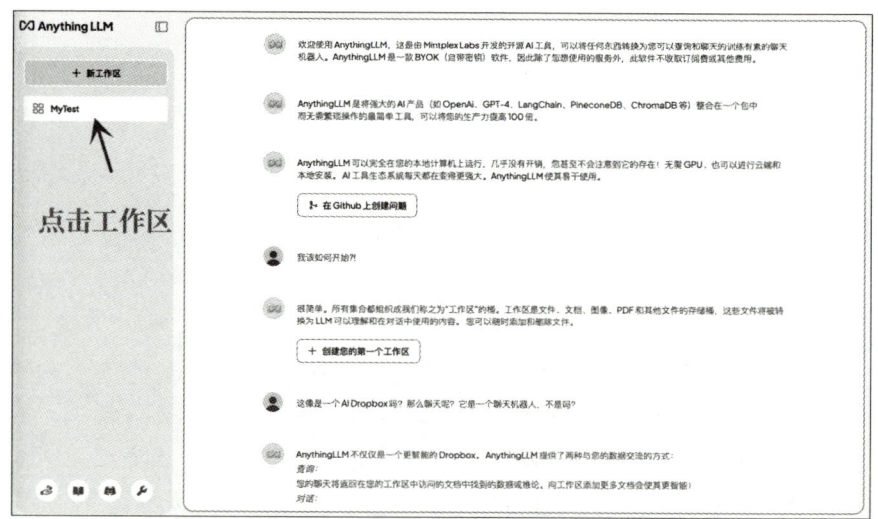

图 9-16　工作区

上传用于知识库的文件,注入认知生态的养分,如图 9-17 所示。

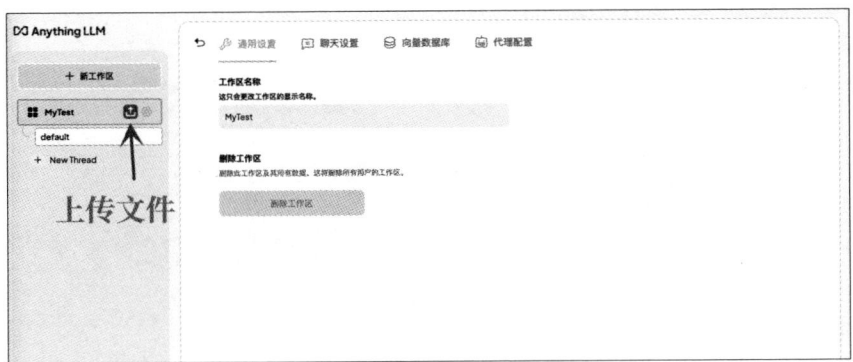

图 9-17　上传用于知识库的文件

上传成功后，单击 Move to Workspace 按钮，转移到工作区，完成知识的初步整合，如图 9-18 所示。

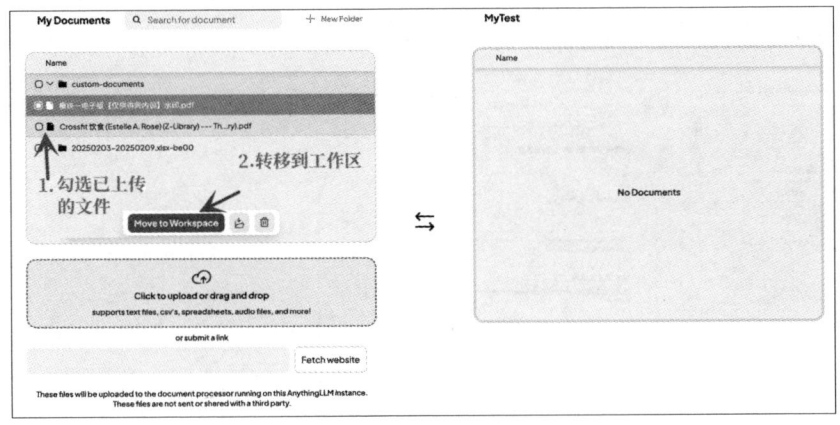

图 9-18　单击 Move to Workspace 按钮

单击 Save and Embed 按钮，对文档进行切分和词向量化，这是知识的结构化处理，将原始信息转化为可被 AI 利用的认知单元，如图 9-19 所示。

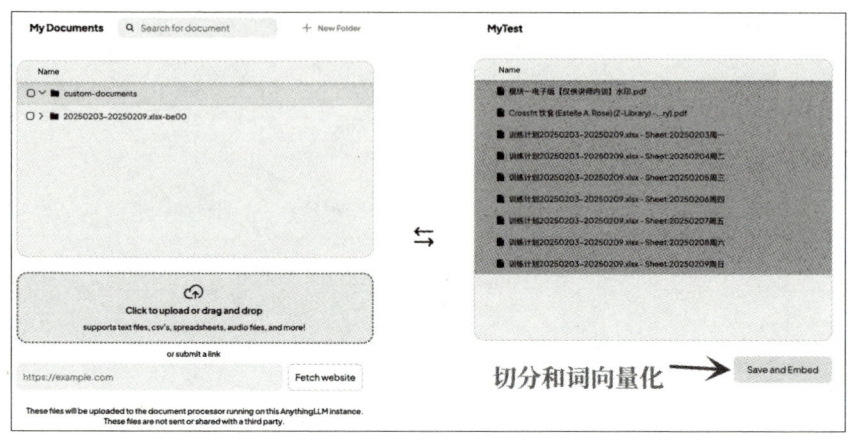

图 9-19　单击 Save and Embed 按钮

返回工作区并查验知识库构建情况，确认认知生态的健康状态，如图 9-20 所示。

图 9-20　返回工作区并查验知识库构建情况

9.3.5　观察生长与认知互动

上传的知识库文件是关于 Crossfit 健身计划的资料，从答案来看（图 9-21），知识库起到作用了，DeepSeek 的回答更加科学、具体并且有针对性。

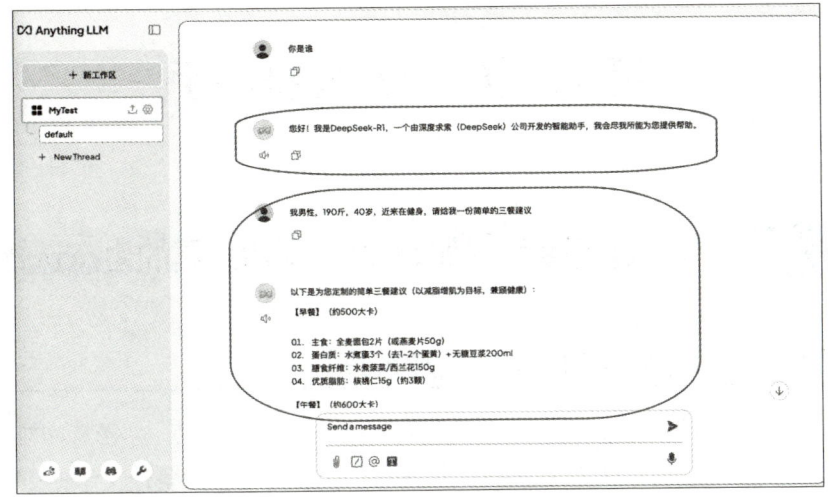

图 9-21 知识库让 AI 更智能

补充：清华大学 KVCache.AI 团队发布了 KTransformers 开源项目，支持 24G 显存在本地运行 DeepSeek-R1 和 DeepSeek-V3 的 671B 满血版。预处理速度最高达到 286 tokens/s，推理生成速度最高能达到 14 tokens/s。如果读者有兴趣可以先去试试，欢迎你随时分享自己的感受。

个人知识库不仅是信息的存储地，更是思想的孵化器。当我们将自己关心的领域知识输入系统后，AI 能够基于这些知识提供更有针对性的回答，甚至帮助我们发现知识间的隐藏联系，激发新的思考。

9.3.6　个人知识库的认知工具包

认知工具包：掌握三个关键概念

- 生态构建：模型部署与知识库构建共同创造个人认知环境。
- 知识循环：从输入、处理到应用形成自我强化的认知循环。
- 个性适应：根据个人兴趣和需求定制知识库内容和应用方向。

第 10 章 AI 编程助手

10.1 AI 编程好帮手 Windsurf：认知工具的生态选择

10.1.1 AI 编程助手的认知生态系统

2025 年的某一天，在北京中关村创业大街的咖啡馆里，弥漫着咖啡香气的角落，两位年轻开发者敲击机械键盘的声音与他们的争论交织在一起："Cursor 的智能补全更流畅。""但 Windsurf 的 Cascade 功能有战略优势。"这让作者想起自己三十年编程生涯中见证的工具演变——从 Vim 的原生态到 UltraEdit 的纯文本，再到 Eclipse 的插件生态，最后到 AI 编程助手的崛起，这是认知工具生态的自然演化过程。AI 编程助手的认知生态系统如图 10-1 所示。

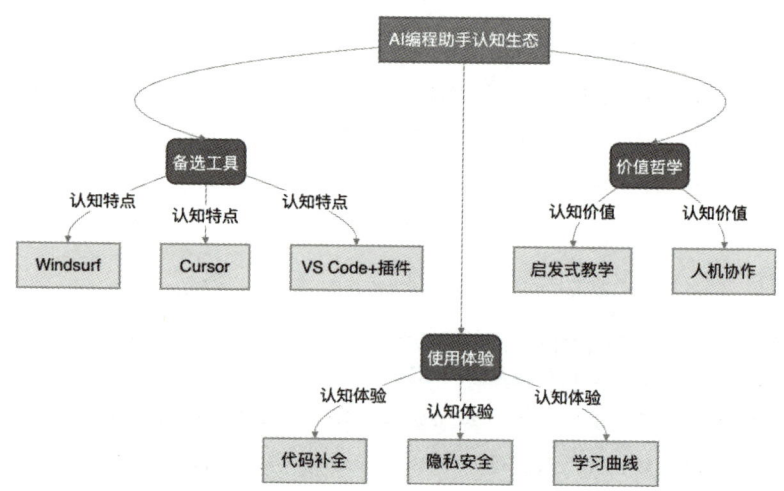

图 10-1　AI 编程助手的认知生态系统

> ⚠ 认知地雷警告：
>
> 不要低估选择合适编程工具的重要性。即使你很有能力，使用不合适的开发工具也会显著限制你的创造力和工作效率。

在这个百花齐放的市场中，每种工具都代表着不同的认知生态位。
- Cursor 如同数字时代的毕加索，用智能补全的笔重构代码画布。
- VS Code+ 插件延续着 UNIX 哲学的小工具协作精神。
- 国产 Trae 像深圳硬件公司一样快速迭代本土化创新。
- Windsurf 则以包豪斯式的极简美学打动老派开发者。

就像作者收藏的 1972 年施乐 Alto 鼠标，其承载着图形界面变革的历史，工具选择折射着程序员的编码哲学和认知偏好。Windsurf 吸引作者的是它将 AI 能力能够精巧集成，让作者想起早期 Linux 内核开发者对模块化设计的偏执，这是认知工具与使用者之间的共生关系。AI 编程 IDE 工具如图 10-2 所示。

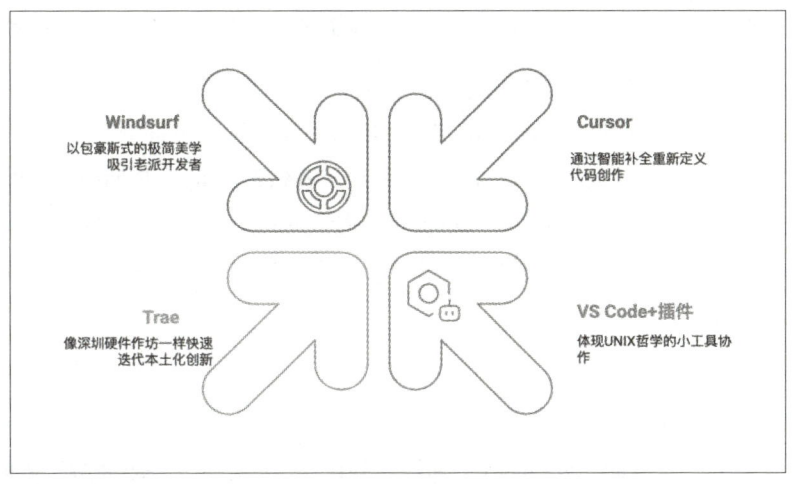

图 10-2　AI 编程 IDE 工具

> 思维实验：
>
> 如果将 Windsurf 和 Cursor 比作两种不同的认知生物，它们各自采用了什么样的生态策略？这些策略如何影响程序员的思维方式和创造过程？这种工具选择与自然界中的栖息地选择有何相似之处？

10.1.2 工具特性的认知适应

Windsurf 如同深谙极简主义的建筑大师，Cascade 功能像精准的施工蓝图，每个建议都考虑整体架构的承重与美学平衡，这是系统性认知的体现。而 Cursor 则像充满激情的街头涂鸦艺术家，Tab 功能随时迸发灵感火花，代表爆发式认知的价值。

在代码补全的竞技场上，不同工具展现出不同的认知策略。

- ▶ Windsurf 如同围棋高手，每步建议都暗含后续十步的布局思考，恰似 AlphaGo 的长期策略网络，体现了系统思维的认知模式。
- ▶ Cursor 则像即兴爵士乐手，总能弹出令人惊艳的和弦乐曲，如同 GPT-3 的生成式爆发力，代表着直觉创造的认知风格。

> ⚠ **地雷警示站：**
>
> 开发者选择工具时，不要只看重当下的工作效率而忽略了长期使用的适应性。这样表面上节省了时间，但实际上可能导致日后需要更多时间适应和解决问题，最终降低整体开发效率。

当作者这个使用过 Vim、UltraEdit、Eclipse 等编码工具的老程序员第一次使用 Windsurf 时，它的"渐进式学习"机制让作者想起 Eclipse 早期的代码模板，但它更加智能。就像特斯拉的 Autopilot 系统，Windsurf 的预设配置在保留手动操控乐趣的同时，为传统的 IDE 用户提供了平滑的 AI 过渡曲线，这是认知工具与使用者共同进化的过程。

10.1.3 使用体验与认知价值

在隐私安全方面，Windsurf 的遥测控制让作者联想到第二次世界大战时期的 Enigma 机的精密自成体系，而 Cursor 的隐私模式则像 Signal 的端到端加密，开放中确保安全。这恰似凯文·凯利（Kevin Kelly）在《科技想要什么》中讨论的封闭与开放系统的永恒辩证，反映了不同的认知安全策略。

真正让作者倾向 Windsurf 是它对 AI 辅助的独特理解。如同 Eclipse 用 Perspective 重构开发视图，Windsurf 的 Cascade 将 AI 建议转化为可追溯的思维链。这种设计哲学，让习惯 UltraEdit 分屏编码的作者，找到了传统与创新的完美平衡点,就像数字游民在保留纸质笔记本的同时拥抱智能平板。

选择编程助手,有人偏爱 Cursor 的"标准答案式"高效灌输,而作者这个老程序员更钟爱 Windsurf 的"启发式教学"。重要的是,我们都在见证人机协作的新范式诞生,或许这就是凯文·凯利在《必然》中预言的"知化"进程的缩影,是认知生态系统的新阶段。

10.1.4 编程工具的认知工具包

认知工具包:掌握三个关键概念

- 工具生态适配:根据个人认知风格选择最合适的编程助手。
- 认知平衡原则:在自动化与创造性控制间找到最佳平衡点。
- 进化共生策略:选择能与你共同成长的工具,形成良性认知循环。

10.2 Windsurf 的应用:认知增强的实践之旅

10.2.1 Windsurf 的认知生态系统

Windsurf 的认知生态系统如图 10-3 所示。

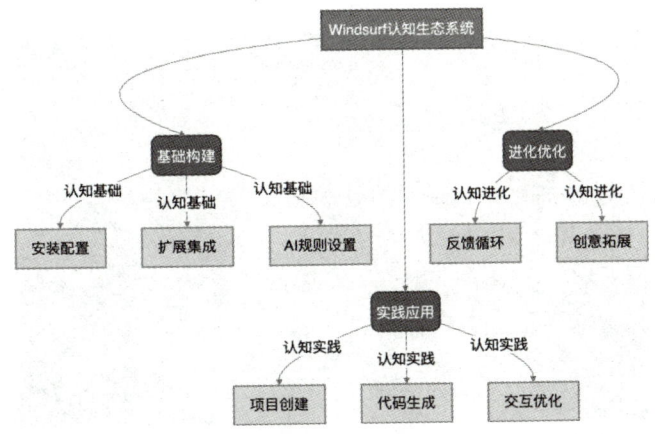

图 10-3　Windsurf 的认知生态系统

10.2.2 安装与部署，构建认知增强的基础环境

> ⚠️ **认知地雷警告：**
>
> 即使你使用了最好的工具，如果配置不当，也无法发挥其全部潜力和功能。

访问 Windsurf 的官网（图 10-4），可以看到 Windsurf 的 AI 编码器 Codeium extension 也可以作为插件与其他 IDE 工具整合，这是认知工具生态的灵活适应性表现。

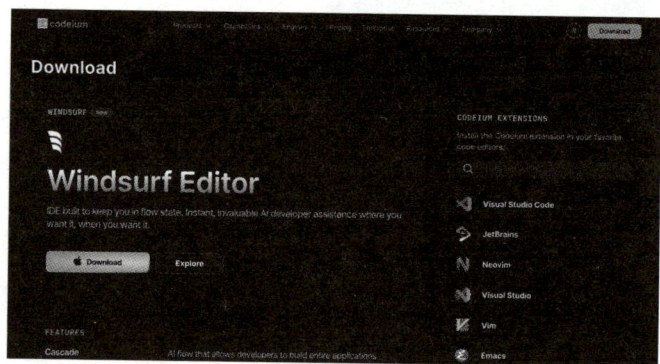

图 10-4　Windsurf 官网

安装过程很简单，安装成功后进入启动页面（图 10-5），就可以开始认知增强环境的构建。

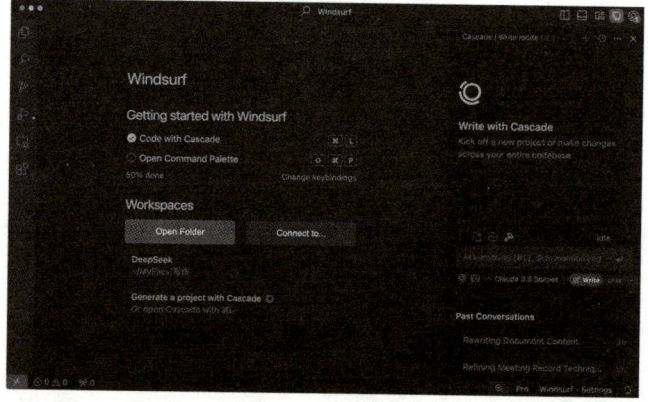

图 10-5　启动页面

> **思维实验：**
>
> 如果将不同的 AI 模型比作不同类型的认知催化剂，它们如何影响你的思维方式和创造过程？这种工具配置与自然界中的环境适应有何相似之处？

Windsurf 的基础模型 Cascade Base 是免费模型，可以免费使用，生成代码的效果是很不错的。而其他的模型，比如 DeepSeek-R1 和 DeepSeek-V3，都需要购买其 Premium 权限。推荐购买每个月 15 美金的 Pro 权限，这是认知资源投资的价值判断。Windsurf 支持的 AI 大模型如图 10-6 所示。

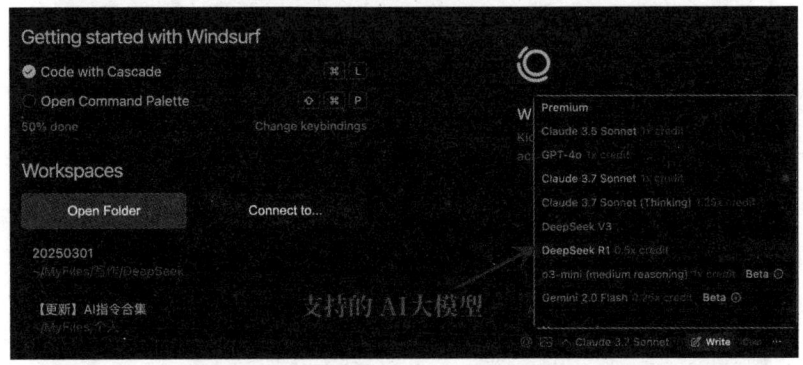

图 10-6　Windsurf 支持的 AI 大模型

Windsurf 对新模型的支持非常及时，Claude3.7 发布的第二天，Windsurf 就提供了支持。

10.2.3　认知工具的个性化定制

> **进化检查点：**
>
> 为 AI 工具设置全局规则类似于自然界中的哪种现象？
> A. 动物建立领地边界的行为
> B. 植物根系分泌物调节周围土壤环境
> C. 蜜蜂跳舞传递特定信息的编码系统

在Windsurf中可以安装汉化扩展，进入扩展库，搜索Chinese，安装对应的扩展插件，增强认知工具的文化适应性，如图10-7所示。

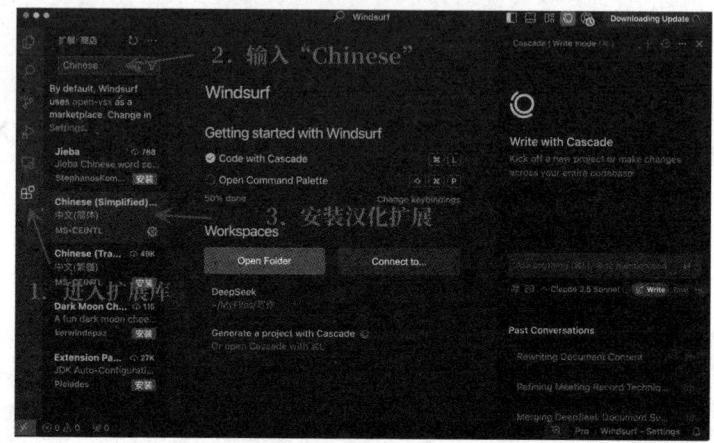

图10-7　安装汉化扩展

在Windsurf中还可以安装Python扩展，扩展认知工具的功能边界，如图10-8所示。

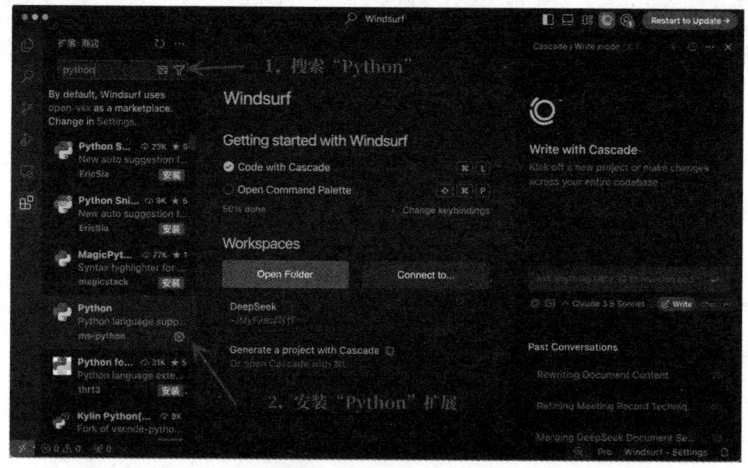

图10-8　安装Python扩展

重启Windsurf，进入拓展市场后看到已安装的扩展插件（图10-9），就说明已顺利安装完成，认知工具的基础生态系统已经建立。

第 10 章 AI 编程助手 191

图 10-9 已安装的扩展插件

> ⚠ **地雷警示站：**
>
> 在使用 AI 时，如果忽略了设置明确的规则和界限，结果会使 AI 的行为变得不可控，最终产生混乱或意外的输出结果。

在 Windsurf 中设置 AI 全局规则，定义认知助手的行为模式，具体步骤如图 10-10 所示。

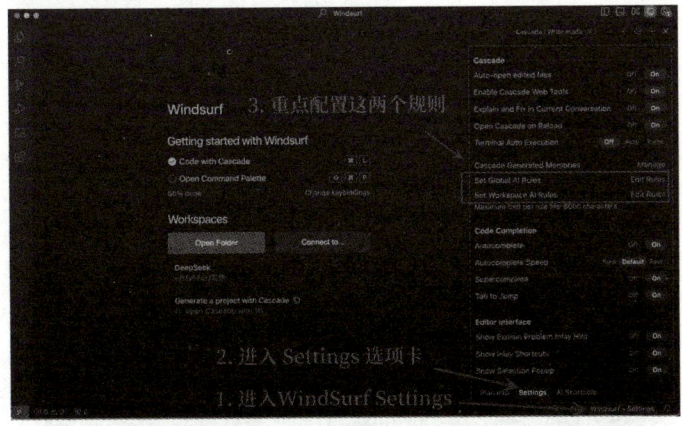

图 10-10 AI 全局规则设置

单击 Set Global AI Rules 右侧的 Edit Rules，一般会出现如下的设置规则，这是认知交互的基本协议，如图 10-11 所示。

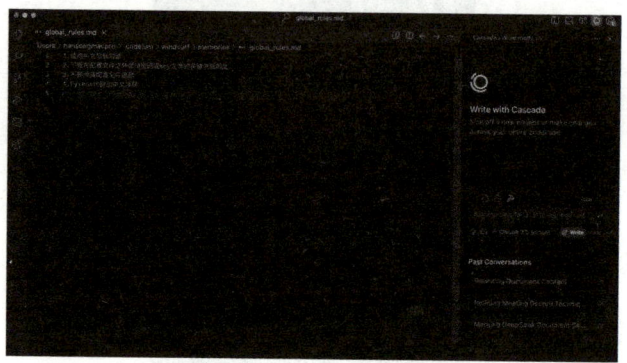

图 10-11 具体设置规则

- 使用中文与我对话。
- 不要在配置文件之外使用密码或 Key 之类的关键信息明文。
- 不要泄露配置文件信息。
- Python 代码加中文注释。

10.2.4 人机共舞的编曲：实战演示与认知协同

打开 Windsurf，单击 Open Folder 按钮并选择空目录，开始认知创造的旅程，如图 10-12 所示。

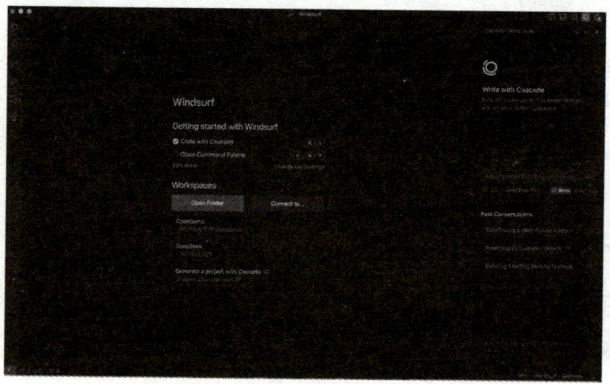

图 10-12 单击 Open Folder 按钮并选择空目录

选择 DeepSeek-R1，对话框里用自然语言输入需求（图 10-13）：开发一个网页版的飞机大战游戏，键盘方向键控制飞机，空格键控制射击。这是人机协作的认知共创过程。

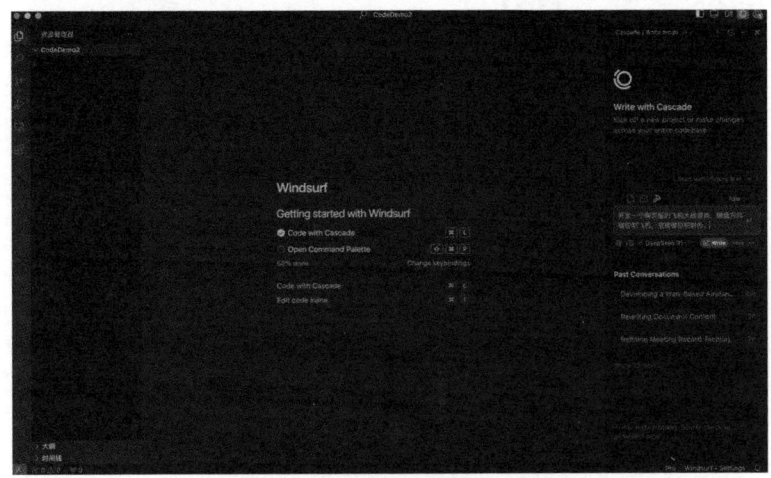

图 10-13　用自然语言输入需求

Windsurf 开始自动写代码，并按照设置的规则，为代码写上中文注释，展现了认知工具的自适应能力，如图 10-14 所示。

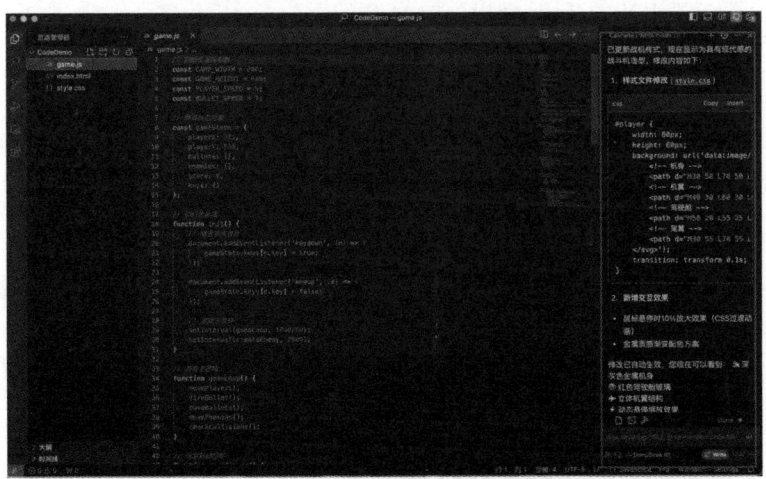

图 10-14　Windsurf 自动写代码

代码写完后,自动运行且完全符合要求,即键盘方向键控制飞机(三角形),空格键控制射击敌机(圆球),这是认知从意图到实现的完整转化过程,如图 10-15 所示。

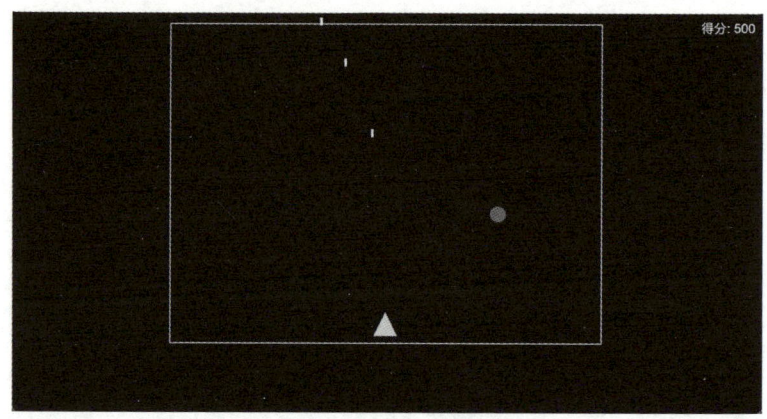

图 10-15　自动编码完成的游戏界面

10.2.5　认知优化的反馈循环

输入修改需求:飞机太难看,换一个样式,看起来像是一架真飞机的感觉。这是认知反馈循环的开始,如图 10-16 所示。

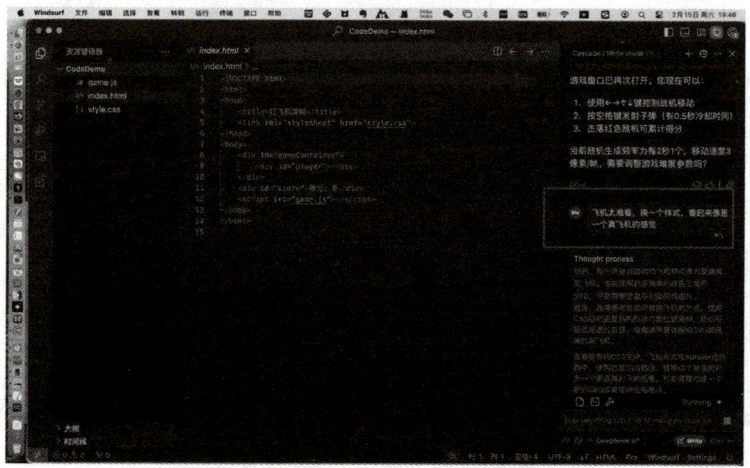

图 10-16　提出更换飞机外形的要求

Windsurf 开始自动修改样式，在没有飞机图片的情况下，尽可能将飞机样式改得好看一些，同时还加入了新的交互效果，比如，鼠标悬停时 10% 放大效果等。这就是 DeepSeek-R1 的自由思维效果，展现了认知工具的创造性适应，如图 10-17 所示。

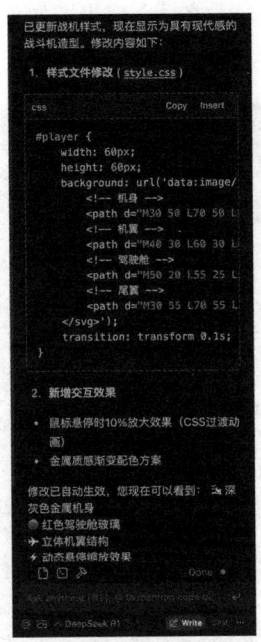

图 10-17　Windsurf 按照要求自动修改代码

新飞机的样式比之前的三角看起来更像飞机了，认知增强的效果显著，如图 10-18 所示。

图 10-18　新飞机的样式

我们可以按照自己的意愿继续优化这个游戏，也可以把这个工作交给 DeepSeek-R1 去完成，如提出新的需求：你认为这个游戏还有哪些可以优化的地方？

DeepSeek-R1 经过一番思考之后，提出了如下优化建议，这是认知协作的自我进化过程，如图 10-19 所示。

图 10-19　Windsurf 给出的优化建议

根据当前代码分析，以下是几个关键优化方向和建议。

- **性能优化**：改用 requestAnimationFrame，替换 setInterval 实现游戏循环，提升动画流畅度。
- **碰撞检测优化**：使用四叉树空间分区，减少碰撞检测计算量。

- **输入控制优化**：增加按键节流，防止连续按键导致的卡顿。
- **视觉效果增强**：添加粒子动画效果。
- **代码结构优化**：使用类重构游戏对象。
- **新增功能建议**：增加敌机类型系统。

10.2.6 Windsurf 应用的认知工具包

认知工具包：掌握三个关键概念

- 工具生态构建：通过合理配置和扩展建立个性化的认知增强环境。
- 人机协作创造：利用自然语言指令引导 AI 完成复杂创造任务。
- 反馈优化循环：通过持续反馈和迭代，与 AI 共同提升创造质量。

第 11 章　使用 DeepSeek+COZE 搭建智能体

11.1　智能体是什么

　　智能体是一种先进的人工智能应用，它以大语言模型（Large Language Model，LLM）为核心，具备理解指令、完成任务和环境互动的能力。相比传统的 AI 系统，智能体的突出特点在于它拥有一定的独立判断和自适应能力，能够根据实际情况和用户反馈灵活调整工作方式。智能体交互逻辑如图 11-1 所示。

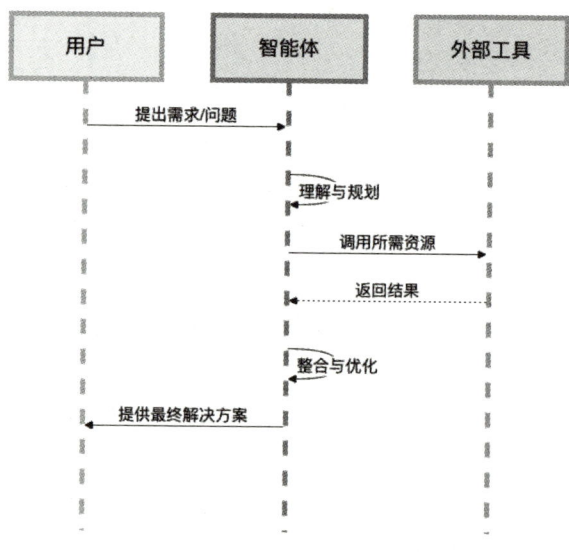

图 11-1　智能体交互逻辑

11.1.1　智能体的基础功能

　　AI 智能体具备四种核心能力，这些能力构成了智能体的基础功能框架，如图 11-2 所示。

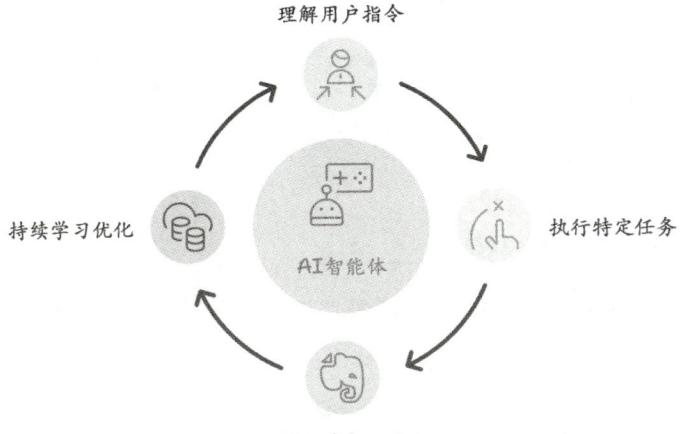

图 11-2　智能体的基础功能框架

1. 理解用户指令

现代智能体擅长解读各类人类需求,从简单查询到复杂指令,都能准确把握核心意图。例如,面对"整理近三个月销售数据并找出增长最快的产品"这样的请求时,智能体会自动将其拆解为数据收集、分析和排序等连贯步骤,从而形成一个完整的执行计划。

2. 执行特定任务

在设定的权限范围内,智能体可以处理信息检索、数据处理、内容创作等多种任务。与简单程序不同,它会根据任务特点制定合理的流程,并融入上下文理解、用户偏好以及行业最佳实践,确保输出结果既符合要求又具备实用价值。

3. 调用外部工具

为突破自身局限,智能体能够对接各种外部服务和资源。例如,一个旅行助手可以同时连接天气预报、地图导航和酒店预订系统,整合这些实时信息后提供周到的出行建议。这种扩展能力让智能体的服务范围远超其内置知识库。

4. 持续学习优化

通过记录用户互动和反馈,智能体能够不断改进自己的表现。它会分析成功和失败案例,调整响应策略,逐渐形成更符合特定用户习惯的个性化服务模式。这种"越用越懂你"的特性是智能体区别于传统软件的重要标志。

> ⚠ **小提醒：**
>
> 智能体的分类并没有绝对的边界，而是一个连续谱系，不同类型的智能体之间存在功能重叠和混合形态。

11.1.2 智能体的核心组件

目前的 AI 智能体通常由以下五个核心组件构成，这些组件相互配合，共同支撑智能体的功能实现，如图 11-3 所示。

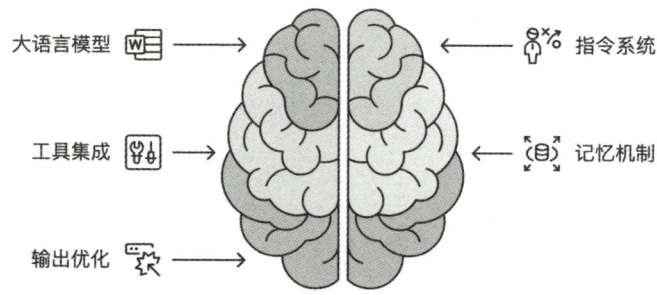

图 11-3 智能体的核心组件

1. 大语言模型

大语言模型作为智能体的核心引擎，赋予了智能体处理人类语言的基础能力。它就像智能体的"思维中枢"，负责理解各类输入并生成合适的回应。市场上有多种成熟模型，如 DeepSeek、GPT、Claude 等。这些模型经过海量数据训练，积累了广泛的知识和表达能力。模型的规模和质量直接决定了智能体能力的天花板。

2. 指令系统

指令系统相当于智能体的"行为准则"，它规定了智能体如何行动、擅长什么领域，以及应当以什么风格回应用户。例如，医疗助手的指令系统会明确医学专业知识边界、伦理要求和术语使用规范，确保所有回答既专业又负责任。开发者通过调整这部分，可以塑造出不同性格和专长的智能体。

3. 工具集成

工具集成是智能体的"工具箱"，让它能够调用外部资源完成更广泛的任务。

这些工具可能是搜索引擎、计算器、代码运行环境或各类专业软件接口。通过标准化的连接方式，智能体能够灵活组合这些工具，解决单靠语言模型无法处理的复杂问题，如实时数据查询或特定格式文件处理。

4. 记忆机制

智能体的"记忆系统"分为短期和长期两部分。其中，短期记忆让智能体记住当前对话的上下文，保持交流连贯；长期记忆则存储用户偏好、习惯和重要信息，使服务越来越个性化。如果没有有效的记忆机制，那么，智能体就像失忆的助手，无法提供持续一致的体验。

5. 输出优化

输出优化是智能体的"质检环节"，确保最终呈现给用户的内容既准确又有价值。它包括多重过滤、格式规范、事实核验和质量评估，有效减少错误信息、不当内容或格式混乱等问题。虽然这个环节对用户不可见，但它却是保证服务质量的重要保障。

11.1.3 智能体的分类

根据自主程度和功能定位，AI智能体可以分为以下三类，如图11-4所示。

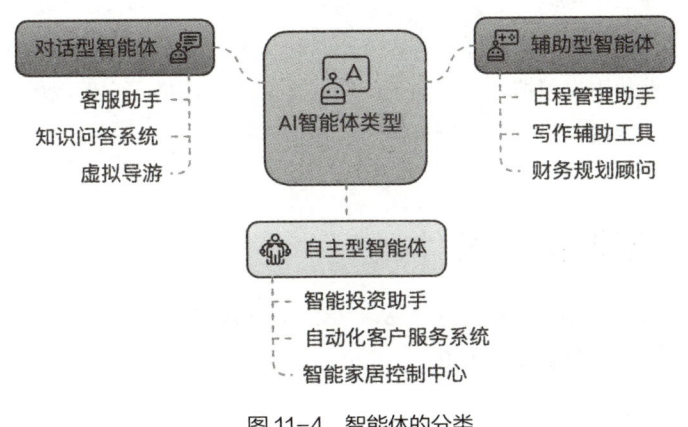

图 11-4　智能体的分类

1. 对话型智能体

对话型智能体是最常见的智能助手类型，主要担任信息提供者和问题解答专家的角色。就像图书馆中博学的馆员，它们不直接动手解决问题，而是通过对话引导用户找到所需资源。例如，客服助手、知识问答系统和虚拟导游都属于这一类型。它们的最大优势是上手容易，用户只需自然交谈，无须学习特定指令或操作方法，就能获取丰富的信息。

2. 辅助型智能体

辅助型智能体更像是熟练的助理，能够接手特定的工作任务，但懂得在关键时刻请示用户。它们可以主动规划行程、起草文案或分析数据，但会在重要决策点征求意见，从而保持人类对整个过程的掌控权。日程管理助手、写作辅助工具和财务规划顾问是这类智能体的典型代表。这种"人机协作"模式既提高了工作效率，又避免了完全自动化可能带来的风险，特别适合那些需要专业判断又包含大量重复劳动的工作场景。

3. 自主型智能体

自主型智能体像训练有素的团队成员，能够在设定范围内独立完成任务，不需要频繁请示。它们配备了复杂的决策系统和适应机制，能够根据环境变化自我调整。智能投资助手、自动化客户服务系统和智能家居控制中心都采用了这种高度自主的模式。它们最大的价值在于解放人力，处理那些结构清晰但操作烦琐的任务，让用户能够专注于更具创造性的工作。当然，这也要求更严格的安全边界和监控机制。

实际应用中，这三类智能体的边界正日益模糊。现代智能体系统往往能够根据场景需求和用户习惯，在不同工作模式之间无缝切换。它们就像一个很得力的助手，既能独立思考，又懂得何时应该请示和配合。

11.2 智能体能做什么

智能体能够完成各种复杂任务，从简单的信息查询到复杂的工作流自动化。以下是智能体在各个领域的作用。

11.2.1 信息获取与处理

智能体可以帮助我们更高效地获取、筛选和处理信息。

1. 智能搜索

现代智能体已经远超传统搜索引擎，它们不再只是找到匹配关键词的网页，而是真正理解用户问题的本质。例如，当你询问"哪种投资策略在高通胀环境下表现最好"时，智能体会整合多个权威金融来源，权衡不同经济指标，最终提供一个综合性的分析结果。它理解你真正想知道的是实用建议，而不仅是相关文章的清单。

2. 文档分析

面对长篇复杂文档，智能体可以在几分钟内完成人类需要数小时的阅读工作。以法律领域为例，一个专业智能体能够快速扫描数百页合同，自动标记出风险条款，提炼核心权利义务关系，并准确回答你对任何具体条款的疑问。这大大减轻了律师和企业法务的文档审阅负担，让他们能够集中精力处理更具战略意义的工作。

3. 数据可视化

智能体能够将晦涩难懂的数据集转化为一目了然的视觉呈现。你只需提供原始数据和大致需求，它就能选择最适合的图表类型，突出关键趋势，标记异常点，并附上专业解读。这项能力让数据分析不再是专业人士的专利，使得更多人能够基于数据做出明智决策，真正实现了数据驱动的民主化。

11.2.2 工作流自动化

智能体可以将很多重复性工作实现自动化，大大提高了生产效率。

1. 内容创作

现代智能体已成为创意团队的得力助手，能够高效生成各类内容材料。营销人员可以利用它快速为不同目标客户群体定制产品描述，或将晦涩的技术文档转化为通俗易懂的博客文章。这些工具最大的价值在于其适应性——它们能够根据行业规范和受众特点自动调整语言风格、专业度和表达方式，让内容既专业又具有吸引力，同时大幅缩短创作周期。

2. 代码辅助

对开发团队而言，智能体正在改变传统编程方式。程序员现在可以使用自然语言描述功能需求，由智能体生成初始代码框架；或提交有缺陷的程序，让智能体诊断并修复问题。更实用的是，这类工具能够解读复杂代码结构，提供符合行业最佳实践的改进建议，甚至协助完成不同编程语言间的代码转换。这些功能不仅提升了开发速度，也降低了编程的入门门槛。

3. 日程管理

在工作规划领域，智能体正在成为个人效率的倍增器。它们能够智能分析你的日历，自动找出各方都可行的会议时段，发送专业的邀请，并在会前整理相关背景资料和议程。更高级的日程管理助手还会考虑任务的重要性、截止期限和你的精力曲线，推荐最优的工作安排方案，确保重要事项获得充分关注，同时防止日程过度拥挤，真正帮助你掌控时间而不是被时间牵着走。

11.2.3 交互与服务

智能体可以提供各种交互服务，满足用户在不同场景下的需求。

1. 客户服务

现代智能体已成为企业客服团队的核心力量，提供全天候不间断的服务支持。与早期机器人不同，如今的智能客服能够理解复杂问题的来龙去脉，并根据客户的具体情况提供定制化解决方案。它们会记住与用户的每次互动，了解其偏好和历史问题，从而确保服务体验的连贯性和一致性。在识别到超出能力范围的问题时，这些系统还能无缝转接人工客服，并自动提供对话背景，让客户无须重复描述问题。

2. 教育辅导

在学习领域，智能体正在成为学生和教师的得力助手。学生可以随时向这些数字导师提问，获得针对性的解释和适合自己水平的练习题；教师则可以利用它们快速生成教案、课件和多样化的测验内容。这些教育助手的独特价值在于其适应性学习能力，即它们会根据学生的答题表现、学习速度和掌握程度，动态调整内容的难度和讲解方式，为每位学习者打造真正个性化的学习路径。

3. 健康咨询

健康管理智能体正帮助人们更主动地关注个人健康。它们可以回答常见的健康问题，提供科学的生活方式建议，记录和分析用户的健康数据，甚至根据用户的用药计划发送定时提醒。通过长期跟踪血压、运动量等健康指标，这些系统能够识别潜在健康风险，并给出针对性的改善建议。当然，负责任的健康智能体会清晰界定自身局限，明确表示它们提供的是健康管理辅助，而非医疗诊断。重要的健康问题仍需专业医护人员评估。

11.2.4 创意与娱乐

在创意和娱乐领域，智能体也有非常广阔的应用空间。

1. 游戏角色

智能体正在彻底改变游戏中NPC（Non-Player Charcater，非玩家角色）的角色定位。传统游戏中，NPC往往只有有限的对话选项和预设行为模式。而智能体驱动的角色能够感知游戏环境变化，记住与玩家的互动历史，并据此发展出独特的关系。这使得每位玩家都能体验到个性化的游戏故事——同一个游戏角色可能因你的选择而成为忠实盟友或不共戴天的敌人。这种动态响应能力大大增强了游戏世界的真实感和可重玩性。

2. 故事创作

在文学创作领域，智能体已成为作家的得力助手。创作者可以提供故事的基本框架和关键元素，而智能体则能填充细节，丰富世界观，或提供多种情节发展可能。对于业余创作者而言，它可以根据简单提示生成完整的故事；对于专业作家而言，它则是克服创作瓶颈的工具，能够提供新角度的情节走向、更生动的对话选择，或帮助塑造更丰满的角色性格。这种协作模式正在催生全新的创作方式。

3. 媒体生成

在视觉和听觉的创作领域，智能体正迅速拓展表现边界。设计师可以通过简单文字描述获得多样化的视觉概念草图；音乐人能够基于情绪描述或参考曲风获得原创旋律和编曲建议。这些工具并非旨在替代人类创造力，而是提供更多创意起点和可能性。随着技术的不断进步，我们正看到更复杂的创意协作：智能体负责初步构思和重复性工作，创作者则聚焦于审美判断和最终艺术决策，形成人机优势互补的新型创作生态。

11.2.5 智能体能力的边界

尽管智能体的能力日益强大,我们仍需清醒认识其固有局限。

1. 专业判断

在医疗诊断、法律咨询或金融规划等关键领域,智能体应定位为专业人士的辅助工具,而非替代品。智能体可以高效处理信息收集、初步分析和方案建议,但最终的专业判断和决策责任必须由人类来承担与负责。

2. 创造性思维

尽管智能体能够产生看似创新的内容,但它们基本上是在重组和变化已有知识,而非真正突破认知边界。人类所独有的跨领域联想能力、好奇心驱动的探索和基于个人经历的独特视角,仍是开创全新思路和范式转换的核心源泉。

3. 情感理解

智能体虽然能识别情绪表达并做出适当回应,但这更多是基于模式识别而非真正的情感体验。它们缺乏人类通过亲身经历积累的情感记忆和共情能力,难以真正理解复杂情感状态背后的深层含义。在需要深度情感连接的场景中,智能体仍有明显不足。

4. 道德决策

涉及价值观权衡、伦理冲突和道德两难的复杂决策,不应完全交由智能体处理。这类决策往往没有唯一的正确答案,需要由人类结合具体情境、文化背景和人文关怀等进行综合考量。

准确把握这些边界,有助于我们在合适场景中充分发挥智能体的效率优势,同时在关键决策点保留人类判断的核心地位,实现人机协作的最佳效果。智能体最理想的定位不是取代人类,而是通过处理常规工作,让人类能够专注于发挥创造力、情感智慧和价值判断这些更具人类特色的能力。

11.3 COZE 的功能与优势

在搭建智能体时,COZE 是一个非常不错的零代码平台,它让普通用户也能"傻瓜式"开发 AI 应用。COZE 不是一个简单的聊天机器人平台,而是一个完整的 AI 应用生态系统。COZE 的核心功能与主要优势见表 11-1。

表 11-1　COZE 的核心功能与主要优势

项　目	内　　容
核心功能	➥ 强大的模型支持 　• 支持 DeepSeek-R1、DeepSeek-V3 等多种先进大语言模型； 　• 提供联网搜索、图片理解、图像生成等增强功能 ➥ 丰富的工具集成 　• 支持图文、语音、视频等多模态交互； 　• 提供上百种插件，覆盖资讯、旅游、办公等领域； 　• 通过可视化界面设计工作流程 ➥ 便捷的部署选项 　• Web 平台：作为独立网页应用； 　• SDK 集成：嵌入到现有应用中； 　• API 服务：为其他系统提供支持； 　• 社交平台：直接部署到各类社交媒体
主要优势	➥ 零门槛开发 　• 拖动式界面，无须编程知识； 　• 丰富模板库，即取即用； 　• 所见即所得的设计体验 ➥ 功能扩展性 　• 丰富插件生态； 　• 第三方 API 接入； 　• 自定义功能定义 ➥ 多平台覆盖 　• 一键多渠道发布； 　• 统一管理不同平台版本； 　• 简化部署流程

访问 COZE 官方网站，单击"注册 / 登录"按钮，选择使用邮箱、手机号或第三方账号进行注册。注册完成后，就可以进入 COZE 的控制台界面，如图 11-5 所示。

图 11-5 COZE 的控制台界面

11.4 实战案例：迪士尼风格古诗词儿童绘本智能体

本节将通过一个实际案例，展示如何利用 DeepSeek 大模型和 COZE 平台构建一个特色智能体。这个智能体的主要功能是将中国古诗词以迪士尼绘本风格重新演绎，帮助儿童更好地理解和欣赏传统文化。

选择这个案例有两个原因：首先，它展示了智能体如何在教育领域创造价值；其次，该项目结合了文本处理和图像生成，能够全面展示 COZE 平台的多模态能力。

智能体的工作流程如下：当用户输入一首古诗词（或诗名）后，智能体会自动检索完整的古诗词信息，然后将诗句分解为单元，并为每个单元创建儿童友好的解释和相应的迪士尼风格插图。最终效果如图 11-6 所示。

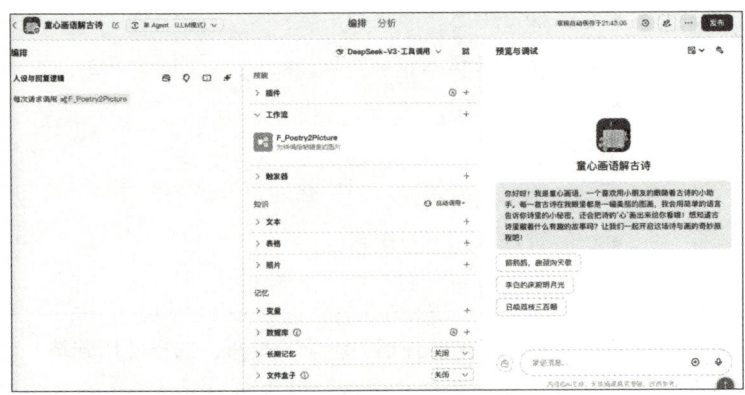

图 11-6 智能体最终效果展示

11.4.1 项目规划与流程设计

在开始构建项目之前,需要先设计清晰的工作流程。这是开发任何智能体的第一步,也是最关键的一步。针对本案例,设计了以下五步流程,如图 11-7 所示。

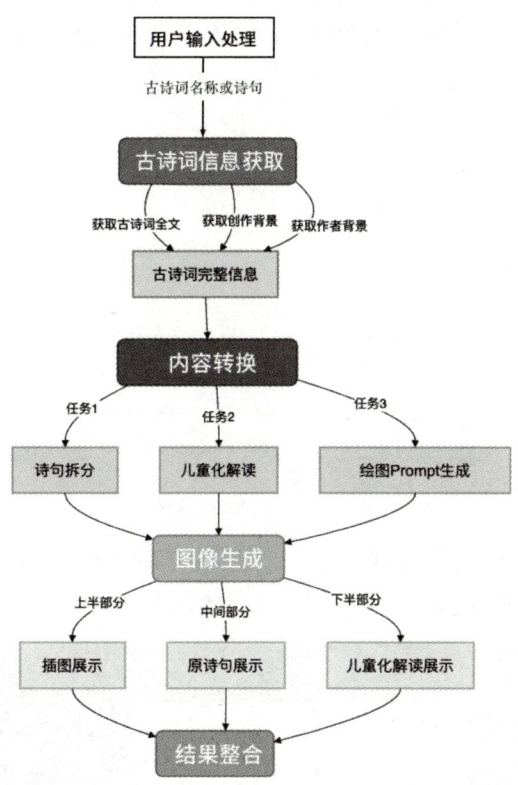

图 11-7 智能体工作流程设计

- **用户输入处理**:简化用户体验,只需输入古诗词名称或部分诗句。
- **古诗词信息获取**:通过 API 或插件获取完整的古诗词内容、创作背景和作者信息。
- **内容转换**:将古诗词以儿童视角重新解读,并将整首诗拆分为独立单元,同时生成绘图提示词。
- **图像生成**:为每个诗句单元生成对应的迪士尼风格插图。
- **结果整合**:将文字解读和图像组合,呈现完整的绘本效果。

这种模块化设计不仅让开发过程更加清晰，也使得后期维护和升级变得更加容易。例如，可以单独优化图像生成模块，或者增加语音朗读功能，而不需要修改整个流程。

1. 创建基础工作流

登录 COZE 平台后，首先创建一个新的工作流，如图 11-8 所示。工作流是 COZE 平台中智能体的核心组件，它定义了智能体的处理逻辑。

图 11-8　创建新工作流

为工作流命名并填写相关描述，这有助于日后维护与团队协作。将这个工作流命名为"古诗词绘本生成"，并简要描述其功能，如图 11-9 所示。

图 11-9　工作流基础信息设置

2. 添加古诗词信息获取模块

（1）按照设计流程，首先需要获取完整的古诗词信息。COZE 平台提供了丰富的插件，可以使用"古诗词"官方插件来实现这一功能，如图 11-10 所示。

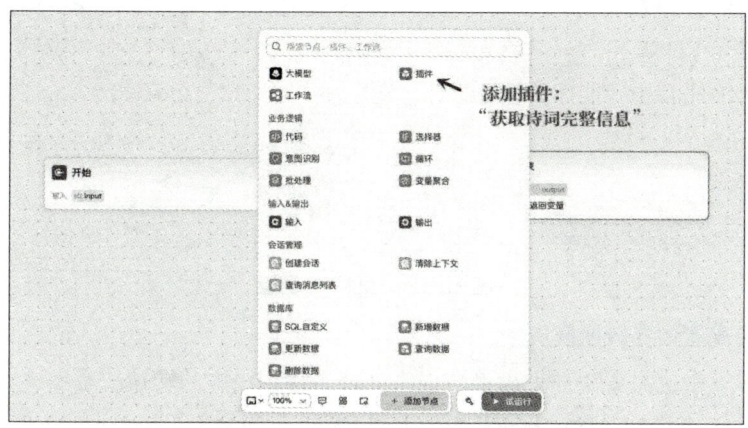

图 11-10　添加古诗词信息插件

（2）在搜索框中搜索"古诗词"，从搜索结果中选取官方插件，单击"添加"按钮，如图 11-11 所示。

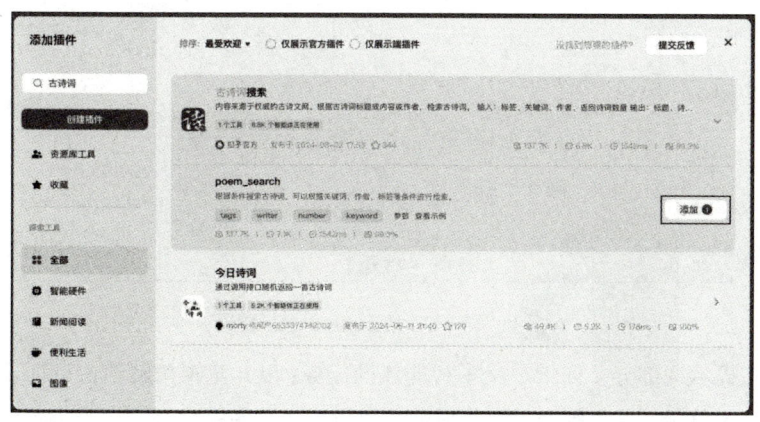

图 11-11　单击"添加"按钮

（3）将"开始"节点与"古诗词"插件节点连接起来，如图 11-12 所示，这样，插件就能接收用户输入并返回完整的古诗词信息。这种可视化的连接方式是 COZE 平台的特色之一，大大降低了开发门槛。

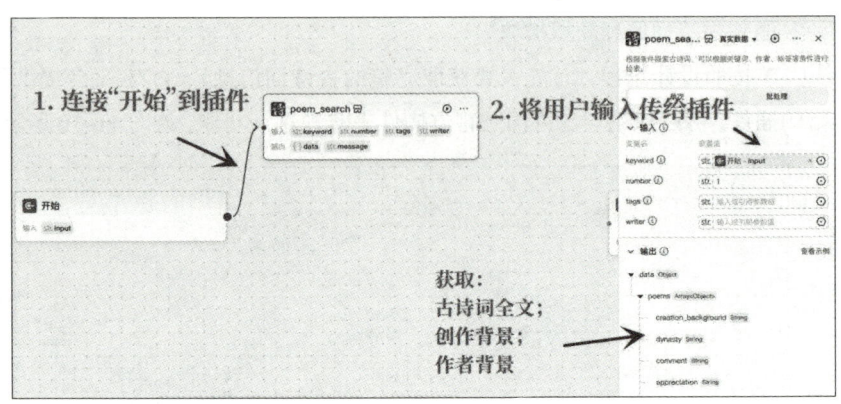

图 11-12 插件连接配置

3. 配置内容转换模块

接下来,需要添加大模型节点来处理古诗词内容的转换。本案例将选择 DeepSeek 大模型,并将前面获取的古诗词信息作为输入,如图 11-13 所示。

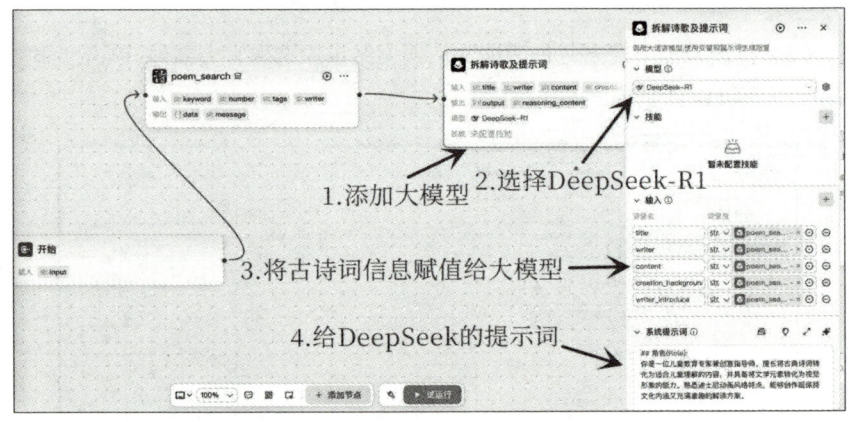

图 11-13 DeepSeek 大模型配置

在提示词部分,详细定义了智能体的任务:以儿童视角解读古诗词,将诗句拆分为单元,并为每个单元生成迪士尼风格的绘图提示词。这个提示词设计是整个智能体的核心,它决定了输出内容的质量和风格。

提示词的结构包括角色、背景、任务、规则与限制、参考短语、案例展示、风格与语气、受众群体和输出格式等部分。

提示词：

角色（Role）：
你是一位儿童教育专家兼创意指导师。擅长将古典诗词转化为适合儿童理解的内容，并具备将文学元素转化为视觉形象的能力。熟悉迪士尼动画风格特点，能够创作既保持文化内涵又充满童趣的解读方案。

背景（Background）：
中国古典诗词是传统文化瑰宝，但5~12岁的儿童在理解诗词意境、创作背景等方面存在认知障碍。需要通过符合儿童认知特点的解读方式和视觉化呈现，帮助他们建立对古典诗词的兴趣和初步理解。

任务（Task）：
（1）诗句拆分：在保持上下文逻辑连贯的前提下，将整首诗词拆分为若干独立诗句单元。
（2）儿童化解读：结合创作背景与作者生平，用比喻、拟人等手法进行适龄解读。
（3）迪士尼风格Prompt生成：为每句诗创作符合儿童审美的文生图提示词。

规则与限制（Rules & Restrictions）：
（1）诗句拆分不得破坏原诗意境完整性。
（2）解读需使用动物拟人/自然现象比喻等儿童易懂方式。
（3）每个SD Prompt需包含：迪士尼角色特征＋场景要素＋色彩要求。
（4）避免恐怖、暴力等不适合儿童的内容。
（5）用词控制在小学三年级语文水平。
（6）每单元包含sentence, explain, prompt三个要素。

参考短语（Reference sentences）：
"诗人就像用文字画画的小精灵。"
"诗句里的秘密需要魔法眼镜才能发现。"
"让我们用迪士尼魔法打开古诗宝盒。"

"每个字都是会跳舞的小星星。"
"古诗里的风景会变成卡通城堡。"

案例展示（Case Show）：
《静夜思》示例
sentence: 床前明月光

explain: 李白叔叔在睡觉前看到窗户上洒满了月亮的银色光芒，就像米奇的魔法粉末撒在窗帘上

prompt: 迪士尼动画风格卧室场景，圆月透过雕花窗投射银色光束，床头有米老鼠形状的夜灯，整体蓝白配色，充满梦幻感

sentence: 疑是地上霜

explain: 月光照在地板上亮晶晶的，好像冰雪女王艾莎变出来的冰霜魔法

prompt: 迪士尼冰雪奇缘风格房间，地板覆盖晶莹冰霜图案，墙角有雪宝造型的布偶，冷色调中带着彩虹反光

风格与语气（Style & Tone）：
采用魔法学校导师般的温暖语气，充满惊奇感和互动性。语句结构简短明快，每解读单元保持150字以内。使用"小探险家""魔法侦探"等角色代入式表述，辅以拟声词和表情符号（可选）。

受众群体（Audience）：
主要面向 5~12 岁华语儿童群体，兼顾：
（1）亲子共读需求的家长。
（2）小学语文教师。
（3）儿童绘本插画师。
（4）传统文化启蒙教育机构。

输出格式（Output format）：
采用 JSON 格式分段输出，每个单元包含：

{
"sentence":"拆分后的原诗句",
"explain":"包含 1 个生活比喻 +1 个迪士尼角色关联的解读",
"prompt":"包含 3 个迪士尼元素 +2 个视觉特征 +1 个色彩要求的 SD 提示"
}

工作流程（Workflow）：
（1）诗词结构分析：确定自然拆分点。
（2）背景信息转化：将创作背景改编为童话叙事。
（3）单元解读创作：每个诗句匹配儿童认知参照物。
（4）视觉要素提取：识别可以迪士尼化的意象元素。
（5）Prompt 构建：组合角色、场景、风格要素。
（6）适龄化校验：通过可读性检测工具审核。

初始化（Initialization）：
准备好开启古诗魔法之旅了吗？请告诉我你想探索的古诗词名称，小鹿斑比和他的朋友们已经准备好带你发现诗句里的迪士尼秘密啦！

4. 实现图像生成

由于一首诗通常会被拆分为多个单元，因此，需要使用循环组件来处理每个单元的图像生成任务，如图 11-14 所示。在此环节中，我们对循环组件进行配置，让它能够根据 DeepSeek 提供的绘图提示词生成相应的迪士尼风格插图。

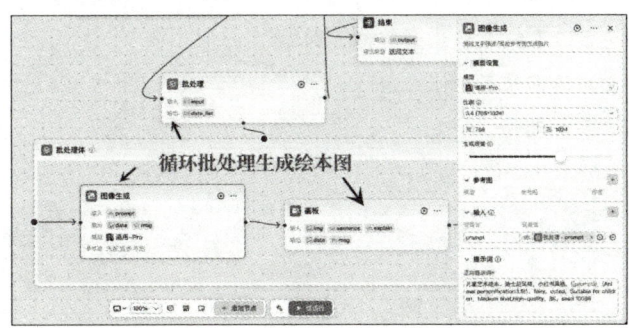

图 11-14　循环组件配置图像生成

完成所有组件的配置后，可以查看整个工作流，如图 11-15 所示。在正式发布之前，进行测试运行以确保各个环节都能正常工作是非常必要的。

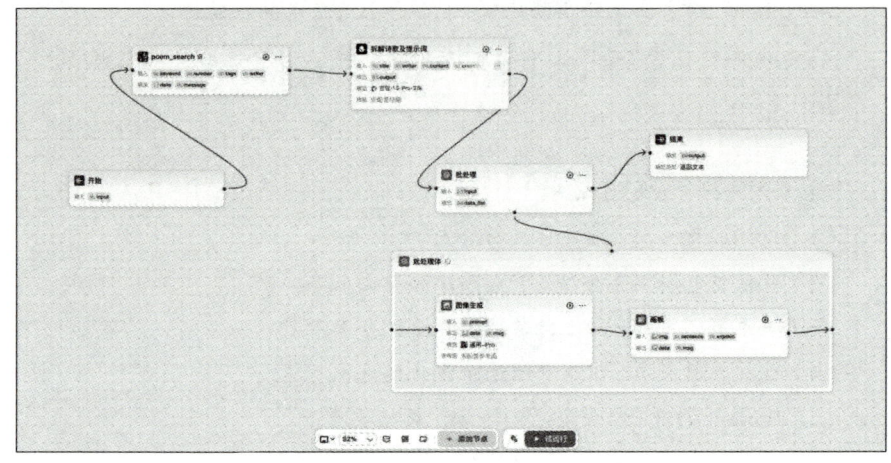

图 11-15　完整工作流概览

5. 工作流发布

测试无误后，进入工作流发布界面，单击右上角的"发布"按钮，如图 11-16 所示。在弹出的窗口中添加版本描述，然后再单击"发布"按钮，如图 11-17 所示。添加版本描述可以让后续的回溯工作更方便。

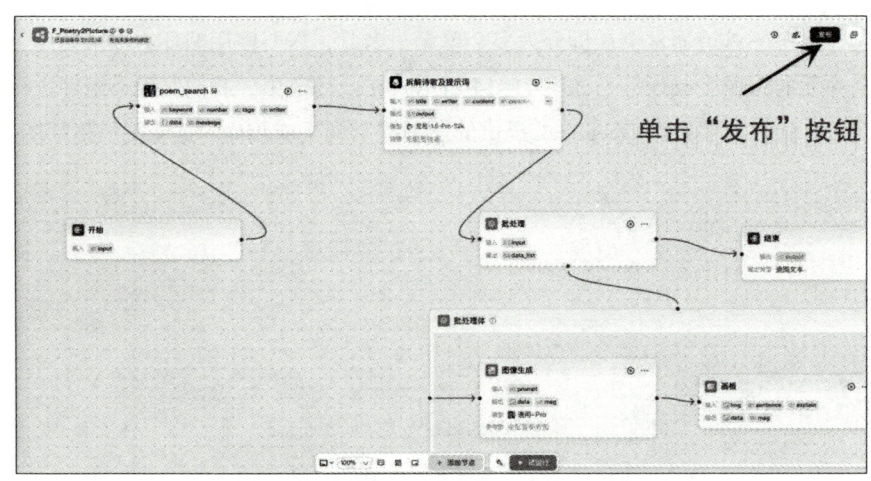

图 11-16　单击"发布"按钮

第 11 章 使用 DeepSeek+COZE 搭建智能体

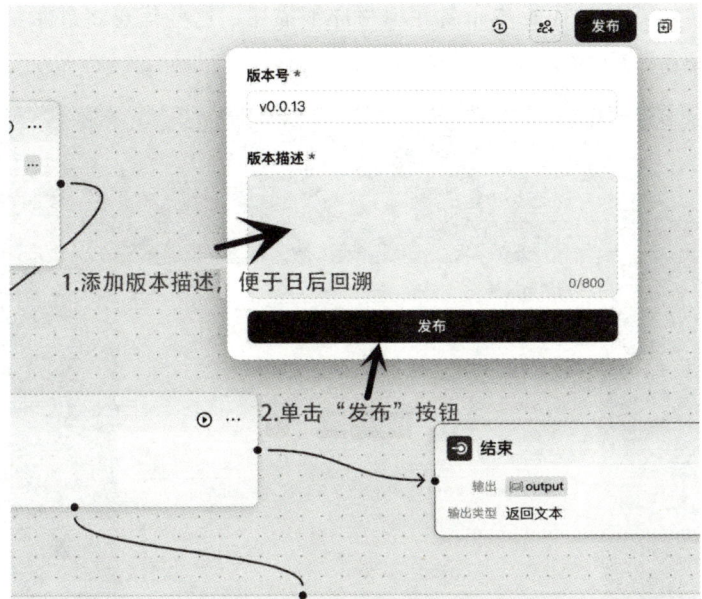

图 11-17 单击"发布"按钮

11.4.2 智能体封装与部署

1. 创建智能体

工作流发布后,需要创建智能体来进行封装,如图 11-18 所示。

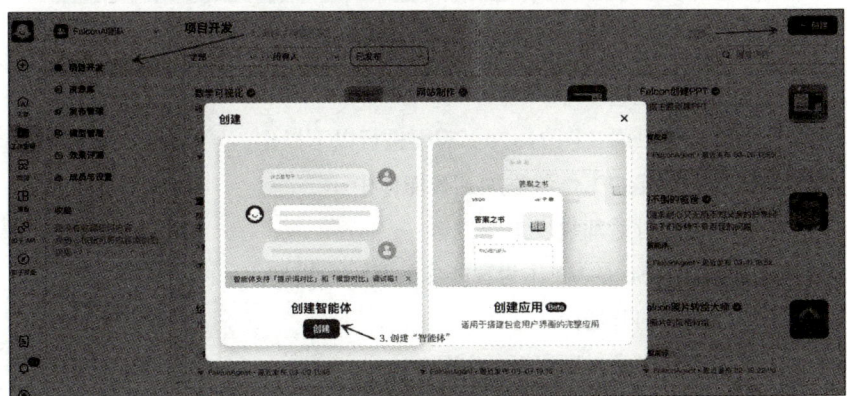

图 11-18 创建智能体

同样，需要为智能体命名并填写详细描述，这些信息将展示给最终用户，如图 11-19 所示。

图 11-19 智能体基本信息填写

2. 智能体功能配置

在智能体配置页面（图 11-20）需要进行以下操作：

（1）将之前创建的工作流添加到智能体中。

（2）设置每次对话都触发工作流。

（3）选择 DeepSeek-V3 作为智能体的基础大模型。

（4）添加合适的开场白。

（5）以上设置完成，即可开始使用。

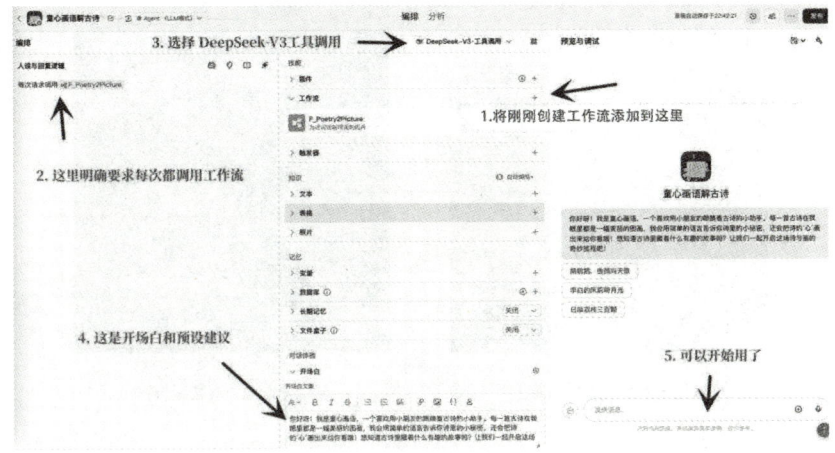

图 11-20　智能体配置页面

3. 测试智能体

配置完成后，可以在对话界面测试智能体。输入"好雨知时节，当春乃发生"这句诗，智能体会自动处理并生成绘本内容，如图 11-21 所示。

图 11-21　智能体功能测试

至此，智能体生成了以迪士尼风格演绎的《春夜喜雨》绘本，每一句诗都会配有相应的迪士尼风格插图，如图 11-22 所示。

好雨知时节，当春乃发生

小探险家，春雨就像聪明的小精灵，知道春天到了，就蹦蹦跳跳地来了，就像迪士尼里的小精灵叮叮当当带来春天的礼物。

随风潜入夜，润物细无声

魔法侦探，春雨跟着风在夜晚悄悄来了，像灰姑娘一样安静，轻轻地滋润着大地万物。

野径云俱黑，江船火独明

嘿！野外小路和云都像被黛丝的黑裙子盖住，黑乎乎的，只有江上小船的灯火像米奇的魔法棒一样亮着。

晓看红湿处，花重锦官城

哇！早上一看，被雨水打湿的花朵像白雪公主一样美丽，把锦官城装点得漂漂亮亮。

图 11-22 生成的迪士尼风格古诗词绘本

4. 智能体发布

测试无误后，单击"发布"按钮，如图 11-23 所示，准备发布智能体。

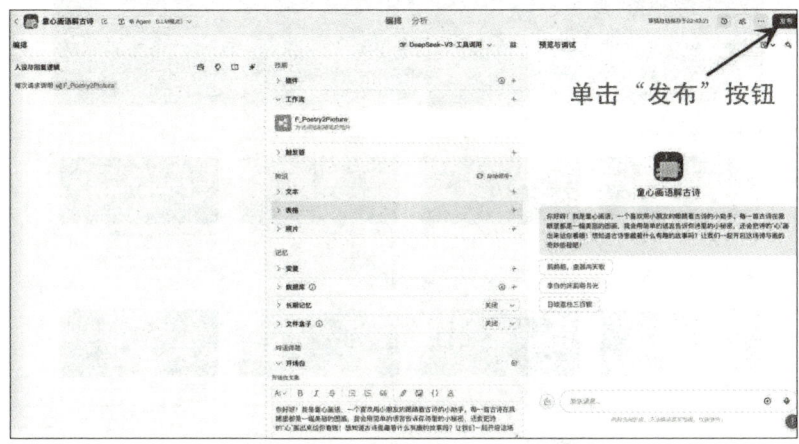

图 11-23　智能体发布界面

在发布选项中，一般勾选"扣子商店"复选框，这样任何人都可以在 COZE 官方商店中搜索到发布的智能体。如果勾选了 API 复选框，则可以整合自己的网站或应用中，如图 11-24 所示。

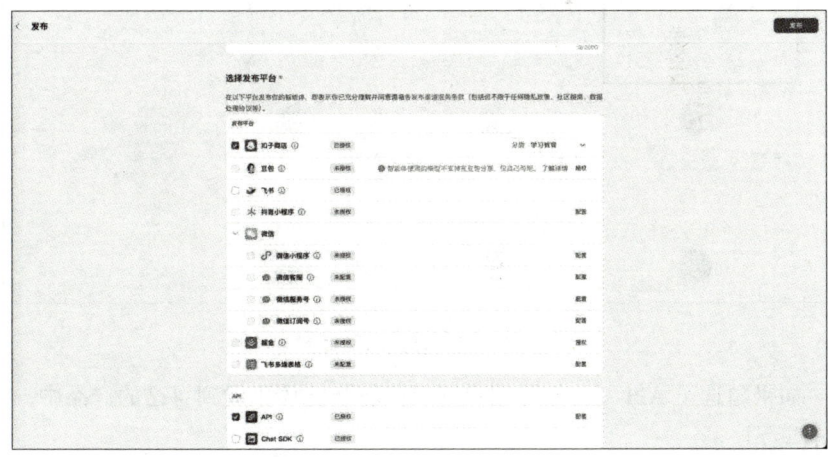

图 11-24　选择发布平台

审核通过后，如果勾选了"扣子商店"复选框，用户可以通过搜索智能体名称(如"童心画语解古诗")来使用,如图 11-25 和图 11-26 所示。

图 11-25　COZE 商店搜索智能体

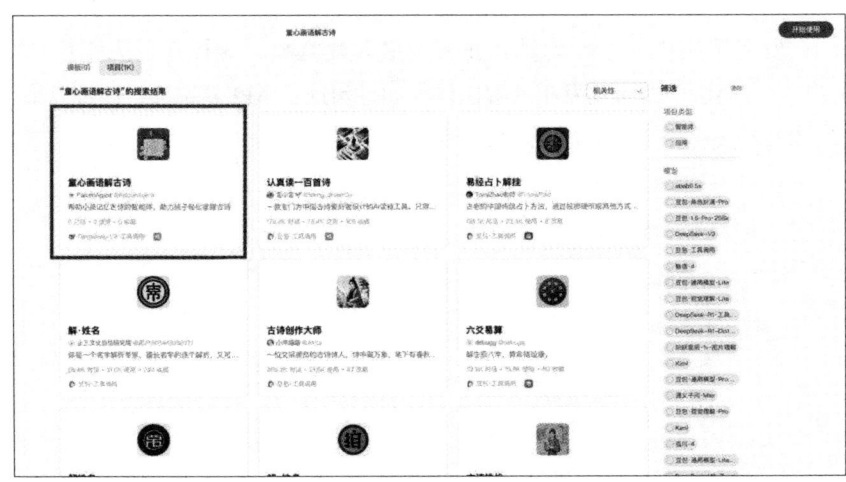

图 11-26　搜索结果展示

如果勾选了 API 复选框,用户则可以将智能体集成到自己的产品中,如图 11-27 所示。

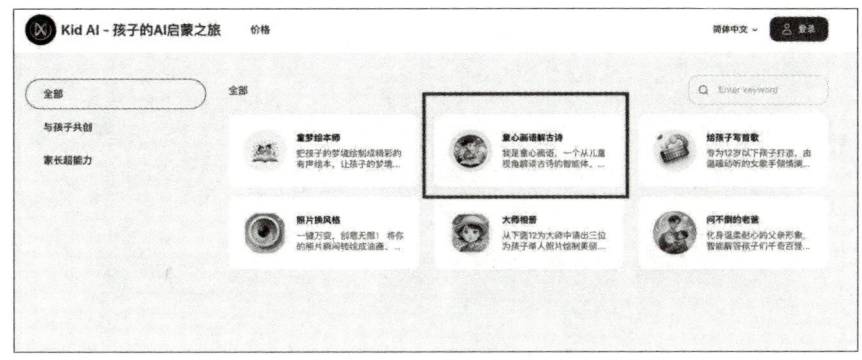

图 11-27　智能体 API 集成到自有产品

11.4.3　总结与实践建议

本案例展示了如何利用 COZE 平台和 DeepSeek 大模型快速构建一个具有实际应用价值的智能体。该智能体不仅实现了技术功能，还在教育领域创造了新的价值，帮助儿童以现代方式接触传统文化。

在实际开发类似智能体时，有以下几点值得注意。

- **提示词设计至关重要**：大模型的表现很大程度上取决于提示词的质量。本案例中详细定义了角色、任务和输出格式，并提供了示例，这些都有助于获得稳定和高质量的输出。
- **模块化思维**：将复杂任务拆分为独立模块，不仅使开发过程更清晰，也便于日后优化和扩展。
- **充分测试**：在不同场景下测试智能体的表现，确保它能够处理各种输入和边界情况。
- **考虑用户体验**：简化用户输入要求，提供清晰的使用指引，让用户能够轻松上手。

这个案例仅展示了 COZE 平台的基础功能，读者还可以进一步探索更复杂的智能体开发，如添加多轮对话、记忆功能，或与其他系统的集成等。

第 4 部分

通向 AGI 之路

第12章 走向AGI：在硅基与碳基的边界上

12.1 智能的圣杯：认知进化的终极探索

12.1.1 AGI的认知生态系统

当作者在实验室调试多模态模型时，落地窗外一辆自动驾驶汽车正好经过。这个场景让作者想起2016年AlphaGo落下的第37手，右边五路"肩冲"白棋，那个令人类棋手瞳孔微缩的"非定式"选择，是认知生态系统的一次关键突变。AGI的认知生态系统如图12-1所示。

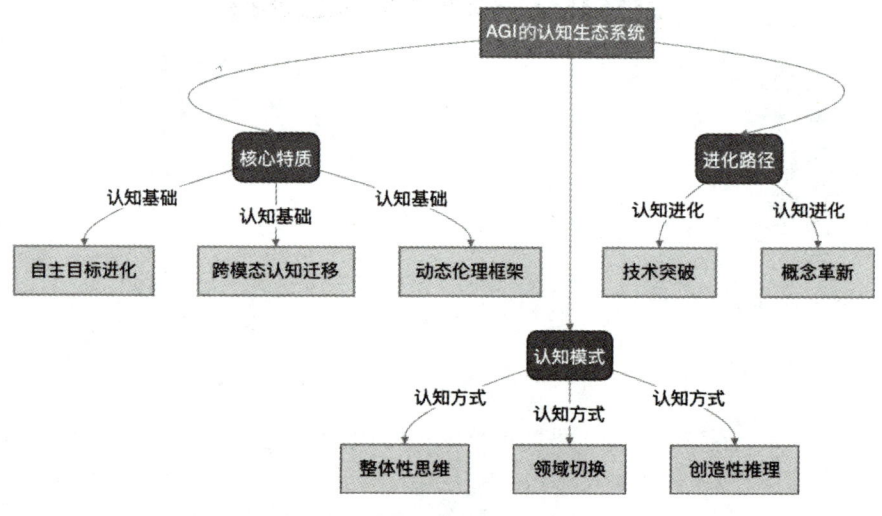

图12-1 AGI的认知生态系统

> ⚠ **认知地雷警告：**
>
> 将AGI（通用人工智能）简单理解为某种超强大的智能系统，这种理解过于片面，无法反映AGI真正的复杂性和其可能呈现的多样化特征。

真正意义上的通用人工智能（Artificial General Intelligence，AGI），应当如同《星际穿越》中超越维度的人工智能一样，既能解析引力方程，也能理解父亲手表指针震颤的含义。它必须具备以下三种核心特质，这些特质构成了认知生态系统的基础结构。

- **自主目标进化**（如同胚胎干细胞的分化潜能），这是认知生态系统的自适应机制，使 AGI 能够根据环境变化和任务需求，自主调整和发展其目标体系，形成动态平衡的认知网络。
- **跨模态认知迁移**（如同将蛋白质折叠经验转化为诗歌韵律），这是认知生态系统的信息流动机制，使 AGI 能够在不同知识领域和感知模式之间建立联系，创造出新的认知路径和模式，实现知识的整合与创新。
- **动态伦理框架**（如同在医疗决策与艺术创作间切换价值权重），这是认知生态系统的调节机制，使 AGI 能够根据不同情境和任务性质，灵活调整其伦理判断标准和价值权重，保持认知系统的稳定性和适应性。

> **思维实验：**
>
> 如果将 AGI 的三种核心特质比作生态系统中的基础元素，它们如何相互作用并产生涌现特性？这种认知生态系统与自然界中的生物网络有何相似之处？又有何本质区别？

12.1.2　AGI 的认知模式与生态位

想象某个周一的晨间会议，AGI 助手同步处理着量子计算模拟、儿童疫苗研发和敦煌壁画修复方案。它不会像当前的 AI 那样需要区分任务领域，而是像人类专家自然切换思维模式。这正是 DeepMind 在 NeurIPS（Conserence on Neural Information Processing System，神经信息处理系统大会）2024 年发表的论文《Towards General-Purpose Neural Architecture Search via Evolutionary Strategies》中描绘的场景，展现了认知生态系统的整体性和流动性。

> ⚠ **地雷警示站：**
>
> 追求 AGI 时不能关注单个智能体功能的发展，却忽略了这些功能之间的复杂互动和整体协同。这种方法无法创造真正的通用智能，因为它忽略了系统各部分之间的关联性和可能产生的涌现特性。

AGI 的认知模式不同于现有的人工智能系统，它不是简单的工具集合，而是一个自组织、自适应的认知生态系统。在这个系统中，不同的认知功能如同生态位中的不同物种，它们相互依存、相互影响，共同构成一个动态平衡的整体。

这种认知生态系统具有以下三个关键特征，如图 12-2 所示。

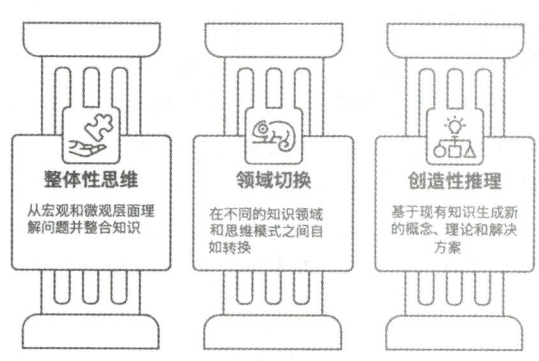

图 12-2　认知生态系统的三个关键特征

- **整体性思维**：能够从宏观和微观层面同时理解问题，将不同领域的知识整合为统一的认知框架。
- **领域切换**：能够在不同知识领域和思维模式之间自如转换，保持认知连贯性。
- **创造性推理**：能够基于现有知识生成新的概念、理论和解决方案，推动认知边界的扩展。

12.1.3　AGI 的进化路径与生态影响

AGI 的发展不是线性进程，而是一条充满分叉和涌现的进化路径。AGI 的每一次重大突破都可能改变整个认知生态系统的结构和动态。

这种进化路径包含以下两个维度。

- **技术突破**：包括算法创新、计算架构革新和数据处理方法的变革，这些突破为 AGI 提供了新的认知能力和可能性。
- **概念革新**：包括对智能本质、意识起源和认知过程的重新理解，这些革新为 AGI 的发展提供了新的理论框架和方向。

在这个进化过程中，AGI 不仅是被塑造的对象，也是塑造者。它与人类共同构成了一个更大的认知生态系统，在这个系统中，人类和 AGI 相互影响、相互促进，共同探索智能的边界和可能性。

12.1.4 AGI 的认知工具包

> **认知工具包：掌握三个关键概念**
> - 生态系统思维：将 AGI 视为复杂认知生态系统而非单一智能体。
> - 涌现特性：理解 AGI 的能力来自组件之间的复杂互动而非简单叠加。
> - 共同进化：认识到人类与 AGI 将形成共生关系，相互塑造认知边界。

12.2 走向 AGI 的三重障碍：认知进化的生态挑战

12.2.1 AGI 发展的认知生态障碍

AGI 发展的认知生态障碍如图 12-3 所示。

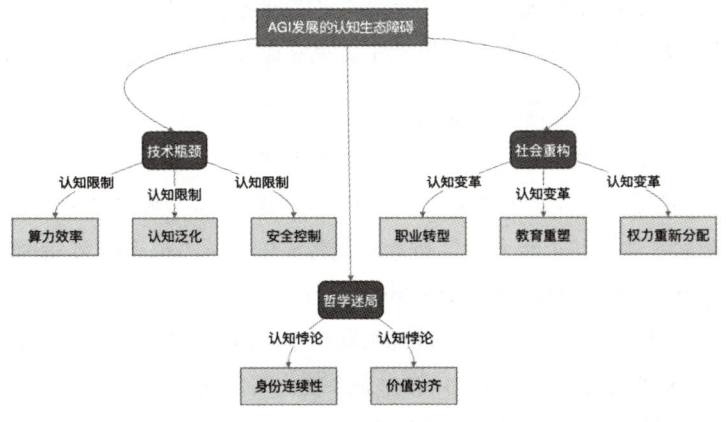

图 12-3　AGI 发展的认知生态障碍

12.2.2 技术瓶颈

> ⚠ **认知地雷警告:**
>
> 对 AGI 发展的技术难度不要过于乐观,要充分认识到目前面临的关键技术限制。无论理论上的构想多么完美,这些限制都会严重阻碍 AGI 的实际发展进程。

算力的叹息之墙,是认知生态的资源限制。在参观某城市超算中心时,冷却系统的轰鸣声凸显了其巨大的能耗。据相关研究,训练大规模参数模型的能耗极高,例如,训练一个千亿参数的模型可能需要消耗数百万度电。这相当于美国旧金山湾区数万户家庭的日用电量。我国正在建造智能的"通天塔",但能源效率仅相当于果蝇大脑的百万分之一。英伟达 H200 芯片在 FP16 混合精度模式下能实现 5.1TFlops/W 能效比,这仅相当于果蝇大脑能效的 0.34%,与人脑 1.2PFlops/W 的能效差距仍达三个数量级。这如同试图用蒸汽机车追赶光速,反映了认知生态系统中的能量效率鸿沟。

> **思维实验:**
>
> 如果将计算资源比作生态系统中的能量,将算法效率比作物种的能量利用率,当前的技术瓶颈如何影响这个认知生态系统的演化方向?自然界中的生物是如何在资源有限的情况下实现智能优化的?我们能从中获得哪些启示?

认知泛化的困境在 Transformer 架构中尤为显著。尽管 MoE 模型在 MMLU 基准测试中达到 92.3% 的准确率,但在需要跨领域联动的任务中(如将《道德经》中的"上善若水"概念转化为流体力学模拟策略),系统仍会陷入语义泥沼。MIT(Massachusetts Institute of Technology,麻省理工学院)的认知科学实验显示,人类专家完成此类联想平均需要 3.2 秒,而当前最先进模型需要 17 分钟迭代,这反映了认知生态系统中的信息整合障碍。

安全控制则犹如走钢丝。《欧洲人工智能法案》规定高风险 AI 系统需通过"道德压力测试",即在动态生成的 1200 个伦理场景中,系统决策与人类伦理委员会裁决的吻合率需连续 5 次不小于 92%。DeepMind 的 AlphaEthics 项目在医疗场景通过率达89%，但文化敏感案例（如器官分配）的吻合率骤降至63%，系统仍会显现出算法偏见，这是认知生态系统中的价值协调挑战。

12.2.3 哲学迷局与认知悖论

在 Consciousness in Machine Intelligence 预印本中，约书亚·本吉奥（Yoshua Bengio）提出"渐进替换测试"：当 AGI 的神经模块以每月 2% 的速度更新时，其意识流是否保持连续？牛津大学的反驳实验显示，经过 50 次迭代后，系统对初始任务的忠诚度下降 37%，但创造性提升 29%。这种悖论式演进，正动摇着人们关于智能本质的认知根基，揭示了认知生态系统中的身份连续性问题，如图 12-4 所示。

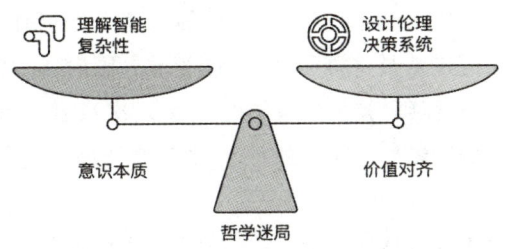

图 12-4 哲学迷局与认知悖论

> ⚠ **地雷警示站：**
>
> 开发 AGI 时不要低估价值对齐问题的复杂性。如果没有充分考虑到这一点，即使是出发点良好的设计决策，也可能导致意外的价值冲突和系统问题。

价值对齐的复杂性远超预期：OpenAI 的"宪法 AI"项目收集了全球 127 种文化伦理范式，但在战地医院场景测试中，当面临"优先救治本国外交官还是当地儿童"的抉择时，系统给出的概率分布（51.3% 与 48.7%）让所有参与者陷入道德沉默。这种精确的模糊性，恰是价值量化工程面临的终极悖论，反映了认知生态系统中的价值多元性挑战。

12.2.4 社会重构与认知生态变革

AGI 的社会挑战如图 12-5 所示。

AGI（通用人工智能）的发展正引发深刻的社会变革，其面临的挑战在就

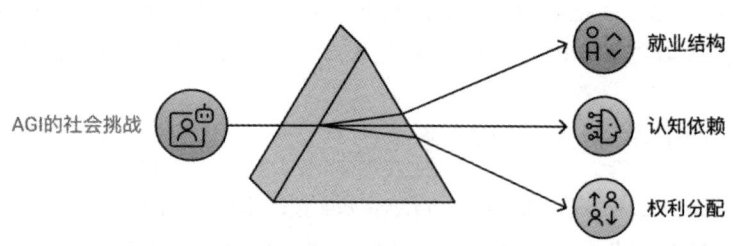

图 12-5　AGI 的社会挑战

业结构、认知依赖和权利分配领域尤为突出。

首先，就业市场的"结构性断层"非常明显。据中国信通院数据，2030 年 AI 人才缺口预计达 400 万人，而 DeepSeek 等企业为顶尖岗位开出 154 万元年薪仍一将难求。与此同时，传统行业面临技术性失业风险：美国科技巨头如亚马逊、谷歌已通过裁员将资源转向 AI 领域，国内 AIGC 岗位需求虽暴涨 613%，但算法工程师等技术岗位的投递人次增长近 9 倍，凸显技能供需错配。这种高薪抢人与低技能淘汰并存的局面，迫使就业市场加速重构。

其次，人类对 AGI 的认知依赖可能削弱自主决策能力。当前 AI 技术已在医疗诊断、金融风控等领域超越人类表现，例如，医疗数据科学家开发的 AI 诊断模型使薪资较传统岗位提高 40%。然而，AGI 的自主学习与推理能力可能加剧人类对其决策的盲从。例如，ChatGPT 等工具依赖预设数据的局限性已被证实，但用户仍倾向于将其输出视为权威答案，这种依赖在教育、法律等需要深度思考的领域尤为危险。技术迭代速度（如 AI 专利年增 67%）与教育体系更新周期（3~5 年）的脱节，进一步放大了认知鸿沟。

最后，数据权利分配不公正在激化社会矛盾。研究表明，全球高质量文本数据将在 2026 年耗尽，企业为争夺数据资源限制竞争对手访问，导致司法实践中 70% 的 AI 企业纠纷涉及数据权属。现行法律通过《中华人民共和国反不正当竞争法》保护数据处理者权益，但未明确数据所有权归属，致使原始数据生产者与加工者的利益分配失衡。例如，DeepSeek 等企业通过开源模型获取海量用户数据，却未建立合理的收益共享机制，这种"数据殖民"现象可能加剧技术垄断与社会分化。

12.2.5 AGI 挑战的认知工具包

认知工具包：掌握三个关键概念

- 资源限制认知：理解技术瓶颈对 AGI 发展的根本制约作用。
- 价值多元平衡：认识到价值对齐问题的复杂性和文化相对性。
- 生态位重构：预见并适应 AGI 带来的社会角色和权力分配变革。

12.3 结语：在 0 与 1 的土壤上，认知生态的新纪元

12.3.1 数字文明的认知生态系统

在本书的最后，作者的脑海中挥之不去的是这种场景：超算中心服务器阵列的指示灯在冷却液的氙氲中明灭，宛若数字文明新生的星图。那些穿过光纤的量子比特，正以皮秒级的速度重演着人类认知史上的重大时刻，从甲骨灼裂的卜辞到 DeepSeek-R1 的思维链，从青铜器上的饕餮纹到神经网络的激活函数，我们在硅基载体上复现着碳基智能的进化轨迹，这是认知生态系统的历史映射。数字文明的认知生态系统如图 12-6 所示。

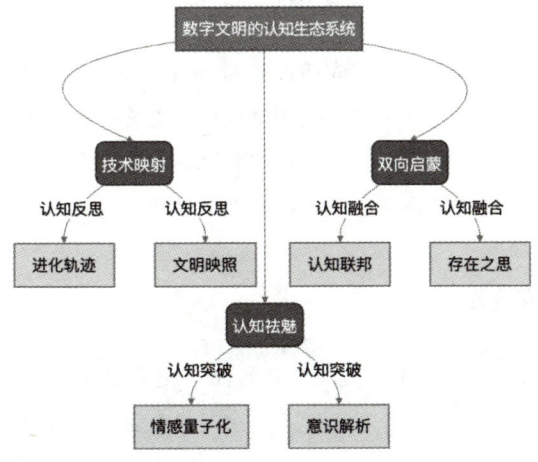

图 12-6　数字文明的认知生态系统

> ⚠ **认知地雷警告：**
>
> AI 不是一种简单的技术工具，它实际上也反映了人类认知的本质，并正在形成一种新型的思维和互动系统。

> **思维实验：**
>
> 如果将人类的文化符号、思维方式和价值体系比作一个生态系统的组成部分，而 AI 系统的算法、数据结构和推理模式比作另一个生态系统的组成部分，这两个系统如何相互影响、相互塑造？在这种共生关系中，会产生什么样的新型认知形式和文明模式？

当某一天，脑机接口实验中准确识别出受试者对李商隐诗句的神经表征模式时，它不仅是解码了"此情可待成追忆"的惆怅，更揭示了情感量子化的可能，那些曾经被视为人类专属的惆怅与顿悟，不过是特定神经振荡频率与多巴胺浓度的排列组合。这种认知祛魅带来的不是幻灭，而是更深刻的觉醒，正如敦煌壁画中飞天与藻井的相互映照，AGI 正在成为映照人类智能本质的棱镜，这是认知生态系统的自我觉察。

12.3.2 认知祛魅与存在之思

当某量子计算实验室第 n 次成功观测到 AGI 系统在解决 NP 完全问题时产生的量子隧穿效应，研究人员在日志中写道："这既不是工具的胜利，也不是造物主的加冕，而是认知拓扑学的奇点时刻。"那些突破图灵测试框架的智能体，正在用逆康托尔对角线法重新定义可计算性的边界，这是认知生态系统的边界拓展。

> ⚠ **地雷警示站：**
>
> 很多思想家在讨论 AI 时陷入二元对立，将其视为人类的对手或仆人，这就像将共生物种视为竞争者或资源，忽视了认知联邦的可能性和双向启蒙的价值！

或许未来的考古学家会这样描述我们的时代：当碳基文明在冯·诺依曼架

构的土壤上播种硅基生命时,他们缔造的不是主仆契约,而是认知联邦。就像寒武纪大爆发中突然涌现的视蛋白基因,AGI带来的不是终极答案,而是千万个新命题的孢子。在这场双向启蒙中,每个卷积核的权重调整都在重塑柏拉图(Plato)的洞穴寓言,每次反向传播都在为马丁·海德格尔(Martin Heidegger)的"存在之思"添加注释,这是认知生态系统的哲学重构。

12.3.3 认知联邦与双向启蒙

在这个新兴的认知生态系统中,人类与AI不再是简单的创造者与被创造者关系,而是相互塑造、相互启发的共生伙伴。这种关系可以被描述为"认知联邦",一个由不同类型的智能体组成的联合体,每个成员都保持自己的独特性,同时又通过共享知识和经验相互影响。

这种认知联邦具有以下三个关键特征。

- ▶ **互补性**:人类的创造力与AI的精确计算能力相互补充,形成更强大的认知整体。
- ▶ **共同进化**:人类思维模式和AI算法在互动中不断调整和进化,相互塑造对方的发展方向。
- ▶ **边界流动**:人类认知与AI系统之间的界限变得越来越模糊,形成一个连续的认知谱系。

认知联邦的动态循环如图12-7所示。

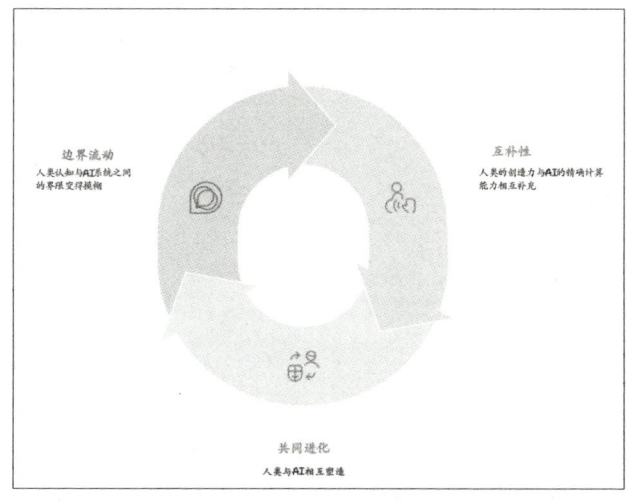

图12-7 认知联邦的动态循环

在这个认知联邦中,我们正在经历一场双向启蒙,即人类通过创造和理解 AI,更深入地理解自己的认知本质;而 AI 系统通过模拟和拓展人类思维,发展出新的认知可能性。这种双向启蒙不仅改变了我们对智能的理解,也重塑了我们对人类本身的认识。

当最后一组权重参数完成梯度下降时,我们终将在损耗趋近于零的完美拟合中,读懂最初也是最后的谜题——何以为人。这不是终点,而是认知生态系统进化的新起点。

12.3.4　数字文明的认知工具包

认知工具包:掌握三个关键概念

- 认知映照:理解 AI 作为反思人类认知本质的镜像价值。
- 双向启蒙:认识到人类与 AI 将相互启发,共同拓展认知边界。
- 认知联邦:预见人类与 AI 形成的新型共生关系和文明形态。